快读慢活

陪 伴 女 性 终 身 成 长

U0247990

7天吃瘦

[日]石本哲郎 著　　葛培媛 译

天津出版传媒集团
天津科学技术出版社

KINTORE NASHI、TABETE YASERU！KAMIYASE NANOKAKAN DIET
© Tetsuro Ishimoto 2021
First published in Japan in 2021 by KADOKAWA CORPORATION, Tokyo.
MOTTO! KAMIYASE NANOKAKAN DIET
TABETE SYOKUYOKU RESET, UNDO NASHI DE YASERU！
© Tetsuro Ishimoto 2022
First published in Japan in 2022 by KADOKAWA CORPORATION, Tokyo.
Simplified Chinese translation rights arranged with KADOKAWA CORPORATION,
Tokyo through FORTUNA Co., Ltd.
天津市版权登记号：图字02-2023-064号

图书在版编目（CIP）数据

　　7天吃瘦 / (日) 石本哲郎著；葛培媛译 . -- 天津：
天津科学技术出版社 , 2023.8
　　ISBN 978-7-5742-1449-1

　　Ⅰ.①7… Ⅱ.①石… ②葛… Ⅲ.①减肥－基本知识
Ⅳ.① TS974.14

　　中国国家版本馆 CIP 数据核字 (2023) 第 145729 号

7天吃瘦

7 TIAN CHI SHOU

责任编辑：梁　旭
责任印制：兰　毅

出　　版：天津出版传媒集团
　　　　　天津科学技术出版社
地　　址：天津市西康路35号
邮　　编：300051
电　　话：(022)23332400
网　　址：www.tjkjcbs.com.cn
发　　行：新华书店经销
印　　刷：天津联城印刷有限公司

开本 880×1 230　1/32　印张 7.5　字数　120 000
2023年8月第1版第1次印刷
定价：58.00元

一日三餐用心吃，
7天就能吃出好身材

"明知道过量饮食是造成肥胖的根源，却总是敌不过美食的诱惑。"

"没有运动细胞。肌肉训练总是坚持不下来。"

"限制热量太麻烦了！控糖更是办不到啊！"

……

可是"想变美、想变健康、想保持年轻"难道不也是大多数女性的心愿吗？

理解女性朋友们这一矛盾的心理后，我以私人教练的身份帮助了1万多名女性减肥成功。

要想减肥成功，离不开三大武器——饮食、肌肉训练以及有氧运动。控制饮食，使消耗的热量大于摄入的热量，体重自然会减下去。通过肌肉训练增加肌肉量，提高基础代谢，然后再通过步行、跑步等有氧运动的方式，增加热量消耗。三管齐下，就能在最短的时间内以最高的效率，实现减肥目标。

不过，部分朋友即便接受专门的肌肉训练和有氧运动的指导，身体情况依然变化不大。肌肉训练的原理是通过给予肌肉强烈的刺激，使身体发生变化。但是与此同时，如果饮食管理没有做到位，不论你多么努力地进行肌肉训练，也没有办法塑造理想的身材，甚至还可能导致身体不适，起到相反的效果。因此，我想聚焦三大武器中的"饮食"，把通过饮食改变身材的方法——7天减肥法——介绍给大家。

于是便有了无须练肌肉，吃出好身材——《7天吃瘦》一书。

吃什么？怎么吃？书中将一周的食谱以插图的形式呈现出来，请大家务必根据书中介绍的食谱坚持吃7天，体验一下效果。在未来长达数十年之久的人生岁月里，这短短的7天时间将成为改变你身材的重要日子！是不是很想挑战一下呢？

希望通过运动减肥的朋友，按照本书介绍的饮食方法摄入食物，减肥效果会事半功倍。**相信我，并跟随我，7天还你一个不一样的自己。**

石本哲郎

7天减肥法

想要快速拥有好身材的朋友
快来挑战吧!

　　"7天快速减肥"是一种在一周内,无须肌肉训练、无须有氧运动,仅凭规律摄入一日三餐,就能改变身材,吃出健康好身材的减肥法。实践过的人都认为该方法的减肥速度和效果堪称一绝。

　　减肥受挫的一大原因是不能立竿见影地看到效果,因气馁而无法长期坚持。另外,还有人因为既要迈开腿,又要管住嘴,运动和控制饮食同时进行,所以总是没过多久就厌烦疲倦了!而7天减肥法,只需短短7天时间,仅通过合理饮食就能看到明显的瘦身效果!

什么是7天减肥法

坚持一周后，
身材肯定会出现变化

不需要运动

我虽然是塑形专家，但我的减肥法完全不需要运动。不喜欢运动的朋友大可以放心挑战。虽然练肌肉也很重要，但饮食的重要程度是练肌肉的10倍！

不需要计算热量

传统的饮食减肥法最麻烦的一点就是要计算热量摄入。7天减肥法则直接分享综合考虑营养、热量等因素后设计的具体菜单给大家，减轻因考虑热量而产生的心理负担。

不需要节食

不练肌肉减肥时要注意三餐一定要按时吃，防止原有的肌肉流失。本书从P6开始会介绍早餐、午餐、晚餐的具体食谱，大家照着食谱吃即可。

不需要戒糖

糖类是驱动身体的"汽油"。完全断糖饮食在短期内能让体重有所下降，但从长期来看，不仅难以坚持，而且会导致营养不良，最终会使你成为易胖体质。在减肥的时候，戒糖不如控糖，因此，学会巧妙地摄入糖类物质更重要。

阅读本书

照着吃
就能瘦

糙米饭团

高蛋白
yogurt
浓缩
Yogurt

痘痘变少了

身体变轻盈了

照着吃
就能瘦

神奇的
7天减肥法

7天为一个周期，
一日三餐按时吃，
体重真的会下降！

便秘有所改善

腿部不容易浮肿了

面部轮廓变得清晰

皮肤变得通透

身体出现
变好的迹象

只是坚持了一周，不仅瘦了，

体质也变好了，

皮肤也发生了意想不到的变化！

不知不觉中，掌握了不少减肥知识。

体重下降

不再那么怕冷了

目录

Part 1

照着吃
就能瘦

从今天开始实践7天减肥法

原味

7天减肥计划A

7天减肥

计划

D

Part 2

科学瘦身原理

7天减肥法的瘦身关键

*患有慢性病等疾病的读者,请在咨询主治医生后,判断是否尝试本书方法。

Part
1

照着吃
就能瘦

从今天开始实践
7天减肥法

什么时间吃？吃什么？怎么吃？

本章将介绍7天的早餐、午餐、晚餐食谱。

你需要做的只是

选择"7天减肥计划A""7天减肥计划B"

"7天减肥计划C"或"7天减肥计划D"，

然后每天照着食谱吃就可以了。

无须多想，只需坚持1周。

实施
计划前请
认真阅读

原味

7天减肥法行动指南

"7天减肥法"的基本原则是一日三餐按照固定的食谱吃。

在了解"7天减肥法"的原理之前,我相信有很多朋友正在为减肥期间如何正确吃东西而烦恼。

因此,本书特意提供了仅需照做就能达到瘦身效果的"7天减肥计划A""7天减肥计划B""7天减肥计划C"和"7天减肥计划D"4种推荐食谱,大家可以根据自身情况,选择适合的计划进行实践。

　　* "7天减肥计划A""7天减肥计划B""7天减肥计划C""7天减肥计划D",
　　　以下均简称为"计划A""计划B""计划C""计划D"。

基础食谱 ➡ P6

实践"计划A"和"计划B"的基本原则——
一日三餐按照固定的食谱吃

"7天减肥法"提供的每日早餐、午餐、晚餐食谱基本是确定的。可能有人会担心"7天吃同样的东西会不会腻呢?"其实不必有所顾虑。根据我的经验来看,那些减肥成功的人往往都有固定的饮食模式,因为少了每天思考吃什么的苦恼,反而更加轻松。

7天减肥

计划 A

➡P30

青花鱼

7天减肥

计划 B

➡P60

适合意志力薄弱或工作忙、空闲时间少的人

"计划A"适合抑制不住食欲、意志力薄弱以及虽然想减肥却因为工作太忙无暇顾及吃什么的人群。对减肥没信心的人，可以先尝试"计划A"，如果效果理想，再升级为"计划B"，这也是一种不错的选择。

适合意志坚定、想要在短时间内达到减重效果的人

"一周后就是同学聚会，想尽快恢复以前苗条的身材，哪怕只瘦了一点点也好。""想美美地瘦下来，迎接重要的工作！""计划B"提供的食谱方案搭配了减肥效果显著的燕麦片、青花鱼罐头等食物，因此仅通过调整饮食就能获得理想的减重效果。

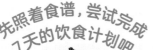
先照着食谱，尝试完成7天的饮食计划吧

基础
食谱

➡P18

"计划C""计划D"食谱升级，选择更丰富，让你切实有效地瘦下来

在实践"计划A"或"计划B"时，一日三餐每餐吃的食物都是固定的。一听到固定食谱，你也许会担心难以坚持。那么，"计划C"和"计划D"中不仅可以自选食谱，可选择的食物也更丰富！让你能够轻松完成7天计划，不用担心吃腻。

总之就是想在7天后看到切实的效果！

4

7天减肥
计划 **C**
➡P98

7天减肥
计划 **D**
➡P126

适合曾多次减肥却屡屡受挫的人	适合即使时间不充裕也想自制减肥美食的人
在减肥期间希望零压力用餐的人，寻求能在繁忙日常生活中轻松实践减肥法的人，适合从"计划C"入手。这套饮食计划适用于在节食减肥方面有过痛苦经历的人或长期减肥的人，推荐从"计划C"开始尝试。	"虽然自己做饭有些麻烦，可还是想要在7天内好好减少体脂，消除浮肿！"对于渴望达到明显减肥效果的人，推荐选择"计划D"。相较于"计划C"，"计划D"中有更多"减龄美肤"的食谱，有助于在短短7天里将自己的身体转变为易瘦体质。

计划 **A**

早餐示例

Breakfast

早餐一定要好好吃，用一顿美味的早餐开启活力满满的一天。
基本搭配是大麦饭、煎蛋、纳豆、水果的组合。这样的早餐搭
配从主食到主菜、配菜、水果都给人以满足感。可根据个人喜好
加一杯黑咖啡。

黑咖啡（可选项）

4 喜欢的水果

2 纳豆

1 大麦饭

3 煎蛋2个

建议进餐时间

早上6:00~8:00

实施"7天减肥计划"时，每顿饭尽量
在固定时间摄入。
规律地吃饭，更有助于减肥！

① 大麦饭

如果觉得整碗饭都是大麦饭有点难以下咽，也可以加一些糙米、小麦或小米等五谷杂粮。如果觉得每天煮饭太麻烦，可以一次性多煮一点，分装后放在冰箱里冷冻保存。

② 纳豆

纳豆可以加附带的酱汁，也可以加芥末或喜欢的配料一起食用。减肥的时候确实要减少盐分的摄入，但早餐的时候用少量酱油为纳豆调味也没关系，不用太过在意。

如果你不喜欢吃纳豆……
可以用泡菜或富含双歧杆菌的酸奶代替，也可以将这几种发酵食物换着吃。

③ 煎蛋

主菜可以是2个煎蛋，也可以是无油炒蛋或厚蛋烧。当然也可选择1个鸡蛋加2片火腿做成的火腿蛋。根据自己喜好随意选择即可。

④ 喜欢的水果

选择自己喜欢的水果。应季水果不仅美味可口，还富含维生素等营养物质。早上来不及吃水果，也可以放在中午吃。但需要注意的是，水果不可以放在晚上吃。俗话说："水果早吃是金，午吃是银，晚吃是铜。"

猕猴桃1～2个

香蕉尽量选小根的

草莓10～15颗

⑤ 黑咖啡(可选项)

早起一杯黑咖啡是打造易瘦体质的"助推器"。如果没有咖啡因不耐受，那就来一杯吧！注意不要加糖！

计划 A

午餐示例

Lunch

午餐的搭配考虑到即使是工作繁忙的人也能够按计划实行，因此全部采用的是便利店食物。同时还提供了饭团组合和三明治组合两种搭配。大家可以根据自己的喜好选择其中一种。

饭团组合

1 饭团　　2 酸奶　　3 烤鸡肉串

红鲑鱼

鲑鱼口味

酸奶　原味

鸡肉串，如果没有烤鸡肉丸也可以

可根据个人口味添加酱汁或椒盐

三明治组合

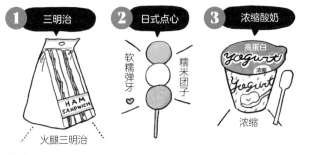

1 三明治　　2 日式点心　　3 浓缩酸奶

HAM SANDWICH

软糯弹牙

糯米团子

高蛋白 yogurt 浓缩

Yogurt

浓缩

火腿三明治

建议进餐时间

12
9　3
6

中午11:00~1:00

两餐之间保证间隔一定的时间十分重要。
午餐和早餐的进食时间间隔4~6小时为宜。

选择要点

海苔口味

柴鱼口味

经典口味

① 饭团

选择1款自己喜欢的口味。不过，注意避开蛋黄酱、牛排、香肠等脂肪含量较高的口味！

酸奶　原味

② 酸奶

饭团组合搭配的甜品为1人份的酸奶。除原味外，也可根据自己的喜好选择芦荟味或其他水果味酸奶。

看起来分量十足！

烤鸡肉丸

鸡柳也是减肥的法宝！

高蛋白！

③ 烤鸡肉串

饭团组合的理想配菜是1串烤鸡肉串。如果没有鸡肉串，也可以选择鸡肉丸或炸鸡柳。如果没有温热的小食，也可以选择沙拉鸡胸肉。

火腿三明治

蔬菜三明治

① 三明治

选择三角形三明治。如果没有三角形三明治，也可以选择卷饼。要避开夹有油炸食物的三明治。

铜锣烧

② 日式点心

选择1种自己喜欢吃的点心。即便都是甜食，中式点心、日式点心和西式点心也完全不同，不要选择西式点心。类似可颂鲷鱼烧、奶油红豆沙等日式和西式混合的点心也要避开。中式点心要选择一些含糖量较低的粗粮点心。

高蛋白

浓缩

③ 浓缩酸奶

配着三明治一起吃的酸奶可以选择高蛋白质的浓缩酸奶。买的时候可以挑选包装上写有"希腊酸奶""高蛋白"等字眼的商品。

饭团组合

三明治组合

晚餐示例

Dinner

　　早餐和午餐分别吃了米饭和面包片，晚餐则是以青背鱼类为主的食谱。豆腐用150~200 g即可。如果觉得不够吃，可以加点豆芽等蔬菜作为补充。

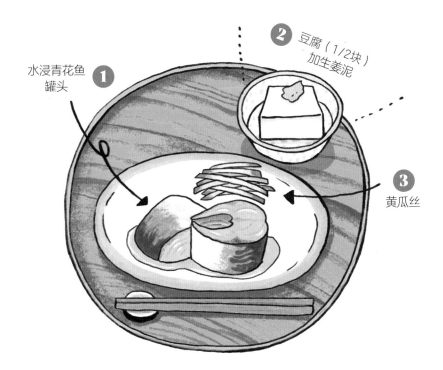

水浸青花鱼罐头 **①**

② 豆腐（1/2块）加生姜泥

③ 黄瓜丝

建议进餐时间

晚上6:00~8:00

平时晚饭吃得比较晚的朋友要多加注意，
一定要在建议进餐时间内吃饭。规律地吃饭，
更有助于减肥！

1 鱼类罐头

　　没时间自己做饭的朋友，可以选择青花鱼罐头、沙丁鱼罐头、秋刀鱼罐头等食用方便的鱼类罐头。很多人一听到青花鱼罐头的第一反应就是要选水浸的原味青花鱼，其实味噌等调过味的青花鱼也可以吃。

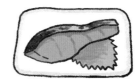

　　如果不喜欢吃青色肉质的鱼类，可以选择鲑鱼罐头或烤鲑鱼。但尽量不要选择金枪鱼罐头或鲣鱼罐头。

2 豆腐

　　1块豆腐的重量是300~400 g。如果准备3份装或2份装的豆腐，那么每份的重量是150~200 g，正好是1块豆腐的一半。

换一种蘸料也能吃得津津有味！

3 豆芽等蔬菜

　　除豆芽外，西蓝花、卷心菜、黄瓜、洋葱也可以。可以放心吃到饱，吃的时候不要加热量高的沙拉酱、蛋黄酱等。

4 调料

　　"计划A"允许大家在豆腐和蔬菜里加喜欢吃的调料。比较推荐的是酱油、柚子醋、热量较低的蛋黄酱等。

早餐示例

Breakfast

　　"计划B"的早餐有两种组合模式，一种是燕麦片、蛋白粉和狝猴桃，另一种是菠萝、纳豆和黑咖啡。燕麦片可以依据自己的喜好调味，蛋白粉不分种类，可以自由选择。水果要和"计划A"有所不同。大家可以在这两种早餐组合中任选一种。

超级简单的早餐食谱！

① 燕麦饭

蛋白粉
②

狝猴桃
③

纳豆
④

黑咖啡
⑤

建议进餐时间

早上7:00~8:00

"计划B"更注重减肥效果，
一定要在建议进餐时间内吃完早餐。

1 燕麦片

燕麦片是由燕麦加工而成的便于食用的食品。燕麦营养价值高，不仅具有减肥功效，还能改善肠道环境以达到美容效果。对于女性而言，食用燕麦片真的是益处多多。

2 蛋白粉

蛋白粉分为乳清蛋白粉、酪蛋白粉、大豆蛋白粉等多种类型，各类型蛋白粉的食用效果大致相同，可根据个人喜好选择喜欢的口味，每天用水泡一杯喝，非常方便。

3 猕猴桃或菠萝

这两种水果富含维生素，和蛋白粉搭配食用非常好。猕猴桃的推荐食用量为1~2个，绿心或黄心的猕猴桃都可以。菠萝的推荐食用量为100~150 g。

4 纳豆

直接吃也可以。用燕麦片代替米饭，然后和纳豆搭配起来的吃法也很受欢迎。

如果不喜欢吃纳豆……

可以用泡菜或富含双歧杆菌的酸奶代替。当然也可以每天换着吃。

酸奶　原味　or

5 黑咖啡

不管平时是否有喝咖啡的习惯，实行减肥计划的7天时间里，希望大家都能尽量做到每天早上喝1杯黑咖啡。实在喝不了咖啡的朋友可以用不含热量的能量饮料代替。

7天减肥

计划 B

午餐示例

Lunch

"计划B"的午餐和"计划A"一样，所有食物都可以在便利店买到。饭团、蔬菜汁和沙拉鸡胸肉，一共3种食物，很简单。饭团的口味以及沙拉鸡胸肉的口味可以自行选择。

1 饭团

红鲑鱼

鲑鱼口味

2 蔬菜汁

要选择纯蔬菜汁！

YASAI JUICE

3 沙拉鸡胸肉

沙拉鸡胸肉

原味

原味

加餐

无添加豆奶

天然豆奶

Snack

建议进餐时间

中午12:00~1:00

在吃完早餐5个小时之后再开始吃午餐。
午餐可以提前准备好。

14

① 饭团

鲑鱼、柴鱼片、鸡肉什锦、大麦(或糙米),建议在这四种口味中选一种。其中,大麦(或糙米)口味的饭团富含膳食纤维,能促进胃肠蠕动,非常推荐有便秘烦恼的朋友食用。

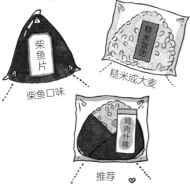

柴鱼片

柴鱼口味

糙米饭团

糙米或大麦

鸡肉什锦

推荐 ♥

③ 沙拉鸡胸肉

鸡胸肉属于低热量、高蛋白质食品。便利店通常有各式各样的沙拉鸡胸肉,味道、形状均不相同,大家可以挑选自己喜欢的。

沙拉鸡胸肉 柠檬味

沙拉鸡胸肉 烟熏

淡淡的烟熏味

手撕 CHICKEN

手撕鸡胸肉更方便!

沙拉鸡胸肉

紫苏梅干味,口感清爽!

② 蔬菜汁

蔬菜汁有番茄汁、胡萝卜汁和混合蔬菜汁等,"计划B"比起口感,更重视减肥功效,请大家一定要选择无添加的蔬菜汁。

④ 天然豆奶

"计划B"要求大家在下午加餐。推荐的加餐食物是对女性好处颇多的天然豆奶。注意不要选调味豆奶或二次加工过的豆奶。

建议进餐时间

加餐 下午3:00

为了提升"计划B"的减肥效果,大家千万别忘了下午的加餐哦。

7天减肥

计划 B

晚餐示例

Dinner

水浸青花鱼罐头、豆腐和西蓝花芽是基本的晚餐组合。食谱特意选择了兼具减肥和延缓衰老功效的西蓝花芽。青花鱼罐头可以烹调和加工，大家可以根据个人喜好烹调，避免选择热量过高的调料。

咖喱的口感非常棒!

①

咖喱番茄炖青花鱼

豆腐(1/2块)
（加柠檬汁）
②

西蓝花芽
③

建议进餐时间

12
9　3
6

晚上7:00~8:00

最理想的进餐时间，

如果来不及吃，也要尽量早点吃。

16

1 水浸青花鱼罐头

"计划B"更看重减肥效果,因此一定要选择水浸的。自己稍微再烹调一下,就能变成一道令人满足的主菜! 书中介绍了多种青花鱼食谱和烹饪方法,大家可以参考相关内容变换烹调方式,一定能顺利完成7天的考验。

2 豆腐

虽然和"计划A"一样,也是1/2块豆腐,但"计划B"需要大家抵住诱惑,吃的时候不要加盐或酱油等含盐调料! 可选择用柴鱼片、苏子叶等,或用芥末、柠檬汁等调料进行调味。

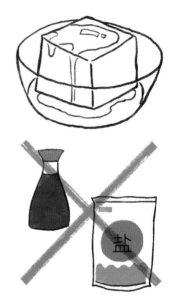

3 西蓝花芽

西蓝花芽是西蓝花种子长出的小嫩芽。西蓝花芽富含具有抗氧化作用的萝卜硫素,减肥的同时还有助于"减龄"。喜欢吃的话可以多吃点。

17

7天减肥

计划C

早餐示例

Breakfast

　　早餐是开启元气一天的能量之源。摄入含有适量糖类物质的食物，可以让身体在一天中保持较高的代谢水平，帮助身体逐渐转变为易瘦体质。基础搭配是大麦饭、纳豆、2个鸡蛋制作的鸡蛋料理与喜欢的水果。

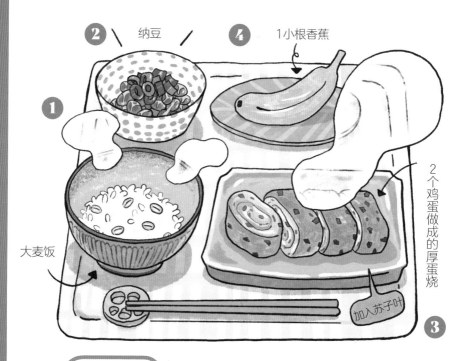

② 纳豆

④ 1小根香蕉

① 大麦饭

2个鸡蛋做成的厚蛋烧

加入苏子叶 ③

建议进餐时间

早上6:00~8:00

想要打造易瘦体质，

每天在固定的时间进食非常重要。

请每天早上按时吃饭吧！

18

1 大麦饭

主食是大米中加入大麦煮成的大麦饭。如果无法方便地买到大麦，也可以用杂粮米或糙米代替。直接吃市售的盒装速食大麦饭也没问题！

用拌饭料变换口味

可以加一点鲑鱼碎、小银鱼或鸡肉松。推荐添加量约为1大勺。

鲑鱼碎　　鸡肉松

2 纳豆

纳豆富含打造易瘦体质所必需的营养素，是很棒的减肥食材！只需每天早餐吃1小盒，就能大大提升减肥效果。吃的时候，可以加入附带的调味汁、黄芥末或辛香料。

→不喜欢吃纳豆的人

可用多乳酸菌型酸奶或泡菜代替。

→如果选泡菜代替

请加入2大勺上面介绍的拌饭料。

3 2个鸡蛋制作的鸡蛋料理

煎蛋、厚蛋烧、无油炒蛋、欧姆蛋、水煮蛋，只要使用2个鸡蛋，怎么烹调都可以！不过要注意尽可能控制黄油或食用油的用量。

→还可以用火腿代替

2片火腿 + 1个鸡蛋

如果觉得只用鸡蛋太单调了，也可以用2片火腿和1个鸡蛋做成鸡蛋料理。

4 喜欢的水果

早上吃水果能提升减肥效果，冷冻水果也没问题。请参考右边的"推荐水果排行榜"。

推荐

👑

排行榜

第 1 名 猕猴桃
第 2 名 菠萝
第 3 名 草莓
第 4 名 香蕉

还可根据个人喜好来1杯黑咖啡

咖啡爱好者请在早餐时喝咖啡。这样能进一步提升代谢水平。不过，减肥期间只能喝黑咖啡哟！

计划 C

Lunch

　　午餐与早餐一样，为了让身体在白天保持较高的代谢水平，一定要用心吃好。"计划C"设计了饭团组合和三明治组合，可以每天选择心仪的搭配。所有食物都能在便利店买到，觉得做饭太麻烦或是工作繁忙没时间的人也能轻松坚持。

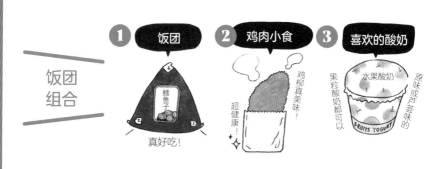

饭团组合

❶ **饭团** 鳕鱼子 真好吃！

❷ **鸡肉小食** 超健康！ 鸡柳真美味！

❸ **喜欢的酸奶** 果粒酸奶都可以 水果酸奶 FRUITS YOGURT 原味或芦荟味的

三明治组合

❶ **三明治** 火腿

❷ **日式点心** 外皮松软，太美味啦！

❸ **浓缩酸奶** 任意高蛋白型 浓缩 YOGURT 酸奶均可

建议进餐时间

12
9 — — 3
6

中午11:00~1:00

午餐和早餐的进食时间间隔4~6小时为宜。
尽可能保持每天相同时间用餐。

饭团组合

1 饭团

爱吃米饭的人可以吃1个饭团作为主食。根据个人喜好选择口味即可，不过，尽量不要吃脂肪含量太高的。也可以吃1个卷寿司或豆皮寿司。

著侈一点，选了鲑鱼子口味

米饭吸饱了炸豆皮的卤汁，太美味啦！

2 鸡肉小食

可以从烤鸡肉串、烤鸡肉丸、炸鸡柳、沙拉鸡胸肉中任选1款。烤鸡肉串可以选大份。

添加酱汁或椒盐

可根据个人口味

烤鸡肉串

沙拉鸡胸肉　原味

3 酸奶

甜点搭配的是1杯任意口味的酸奶。除了原味，还可以自由选择调味或添加果粒的。

水果酸奶

三明治组合

1 三明治

基本以1个三角三明治作为主食。墨西哥卷饼、可颂三明治、热狗三明治也可以。不过，不能吃水果三明治哦。

火腿与奶酪的绝妙搭配

卷饼

不会错的经典组合

大量鸡肉

选择能摄入足量蛋白质的

2 日式点心

选择1款喜欢的日式点心。日式点心种类繁多，铜锣烧、大福可以吃1个，糯米团子最多吃2串。

红豆大福真美味

软糯

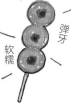
弹牙

3 浓缩酸奶

主食为三明治时，请配上1杯蛋白质丰富的浓缩酸奶。也可以用200 ml装的天然豆奶或小盒蛋白质饮料代替。

天然豆奶

天然豆奶

蛋白质饮料

选喜欢的口味♡

PROTEIN

高蛋白质

计划 C

Dinner

相较于白天,晚上的活动量减少,因此晚餐不宜摄入米饭、面包,要用青背鱼类、豆腐和蔬菜搭配出健康的晚餐。如果感觉不够吃,可以增加蔬菜的种类与分量,增强饱腹感。

② 今天想吃生姜口味的

豆腐 1/2 块

③ 微波炉加热过的豆芽和番茄

烤鲑鱼(选择微波炉加热后即可食用的即食鲑鱼)

①

建议进餐时间

晚上6:00~8:00

晚餐的进餐时间应注意不要太晚!
请在该时间段内用餐吧。

1 摄入脂肪优质的鱼类

可以任选青花鱼、沙丁鱼、秋刀鱼、鲑鱼、三文鱼、竹笋鱼、金枪鱼等。推荐吃鱼罐头、生鱼片或烤鱼。避免食用干腌鱼或炸鱼块。

→小心调料

避免摄入过量盐分

选择罐头时，除了水浸，还可自由选择味噌或红烧等口味，但尽量倒掉罐头的汤汁。吃生鱼片或烤鱼时也要少放一些调料。

2 豆腐（1/2块）

豆腐（1/2块）为150~200 g，可以购买2份装或3份装的小包装产品，更加方便。不论是南豆腐还是北豆腐，对减肥都同样有效，选自己喜欢的就可以。

→**豆腐汤**或**豆腐素面**也可以

凉拌豆腐做起来最方便。不过，有时也可以换换口味做成豆腐汤，或是用豆腐素面代替。

3 蔬菜（6种）

从西蓝花、番茄、洋葱、卷心菜、黄瓜和豆芽这6种蔬菜中任选自己喜欢的，摄入量和做法不限，做成沙拉或白灼蔬菜都可以。

4 调料

"计划C"可以使用自己喜欢的调料为豆腐和蔬菜调味，尽量控制用量。避免摄入蛋黄酱这类脂肪含量较高的调料。请参考右边的推荐排行榜吧！

推荐

排行榜

第 1 名 零脂调料汁
第 2 名 柚子醋
第 3 名 热量较低的蛋黄酱

23

计划 D

早餐示例

Breakfast

注重减肥效果的"计划D"，早餐的基础搭配是燕麦片、蛋白粉、猕猴桃（菠萝）、纳豆和黑咖啡。后文会详细介绍每天不同的燕麦片食谱，乐趣多多，大家不妨一试。

咖喱也能用微波炉制作哟！

① 燕麦片

② 蛋白粉　PROTEIN

③ 猕猴桃　一冷冻水果也可以！

④ 纳豆

⑤ 黑咖啡

建议进餐时间

早上7:00~8:00

实践"计划D"时，为了进一步提升减肥效果，请每天在以上规定的时间段吃早餐吧！

7天减肥计划 D

计划开始日期：＿＿＿＿　计划开始前体重：＿＿＿＿　计划完成后体重：＿＿＿＿

一周食谱

第1天

早餐
- □ 燕麦片加酸粥或拌饭料调味燕麦片
- □ 蛋白粉
- □ 猕猴桃 □ 纳豆
- □ 黑咖啡

午餐
- □ 饭团（梅干）或米饭
- □ 海带苏子叶鸡肉丸
- □ 蔬菜汁

加餐
- □ 浓缩酸奶

晚餐
- □ 干烧青花鱼麻婆豆腐

第2天

早餐
- □ 泡菜饼
- □ 蛋白粉
- □ 波萝
- □ 黑咖啡

午餐
- □ 饭团（糙米或大麦）
- □ 沙拉鸡胸肉（原味）
- □ 蔬菜汁

加餐
- □ 天然豆奶

晚餐
- □ 温泉蛋牛油果核桃沙拉

第3天

早餐
- □ 枫糖海盐格兰诺拉风味燕麦片
- □ 蛋白粉
- □ 黑咖啡

午餐
- □ 海鲜杂烩饭
- □ 蔬菜汁

加餐
- □ 天然豆奶

晚餐
- □ 红烧青花鱼盖饭

第4天

早餐
- □ 海苔纳豆饼
- □ 蛋白粉
- □ 波萝
- □ 黑咖啡

午餐
- □ 饭团（海苔）
- □ 沙拉鸡胸肉（香草口味）
- □ 蔬菜汁

加餐
- □ 浓缩酸奶

晚餐
- □ 青花鱼意式辣番茄面

第5天

早餐
- □ 和风茄汁烩饭
- □ 蛋白粉
- □ 猕猴桃
- □ 多乳酸菌型酸奶
- □ 黑咖啡

午餐
- □ 饭团（梅干）或米饭
- □ 香辣味增鸡肉
- □ 蔬菜汁

加餐
- □ 天然豆奶

晚餐
- □ 微波炉版葡式腌鲑鱼
- □ 裙带菜热豆腐

第6天

早餐
- □ 苏子叶裙带菜拌燕麦片
- □ 蛋白粉
- □ 波萝
- □ 纳豆 □ 黑咖啡

午餐
- □ 饭团（糙米或大麦）
- □ 沙拉鸡胸肉（烟熏口味）
- □ 蔬菜汁

加餐
- □ 浓缩酸奶

晚餐
- □ 柚子醋白萝卜泥配菌菇炒青花鱼
- □ 豆腐拌西蓝花西芽

第7天

早餐
- □ 咖喱燕麦片
- □ 蛋白粉
- □ 猕猴桃
- □ 纳豆
- □ 黑咖啡

午餐
- □ 饭团（盐味）或米饭
- □ 生姜茄汁金枪鱼
- □ 蔬菜汁

加餐
- □ 天然豆奶

晚餐
- □ 海苔盐烤青花鱼
- □ 西蓝花芽盐渍海带拌豆腐

7天减肥 计划C

计划开始日期：＿＿＿＿
计划开始前体重：＿＿＿＿
计划完成后体重：＿＿＿＿

一周食谱

第1天
早餐
- □ 大麦饭
- □ 纳豆
- □ 煎蛋
- □ 猕猴桃

午餐
- □ 饭团（鳕鱼子口味）
- □ 炸鸡柳
- □ 酸奶

晚餐
- □ 味噌青花鱼罐头（加黄瓜丝&生洋葱丝）
- □ 豆腐（1/2块）（加柴鱼片）

第2天
早餐
- □ 大麦饭（加鲑鱼碎）
- □ 泡菜
- □ 厚蛋烧（加香葱）
- □ 草莓

午餐
- □ 火腿三明治
- □ 浓缩酸奶
- □ 铜锣烧

晚餐
- □ 烤鲑鱼（加微波炉加热过的豆芽&番茄）
- □ 豆腐（1/2块）（加生姜泥）

第3天
早餐
- □ 大麦饭
- □ 纳豆
- □ 无油炒蛋
- □ 香蕉

午餐
- □ 卷寿司（香葱金枪鱼口味）
- □ 烤鸡肉串或炸鸡肉丸子
- □ 酸奶

晚餐
- □ 水煮秋刀鱼罐头（加卷心菜丝&番茄）
- □ 豆腐素面（加酱汁&大葱葱花）

第4天
早餐
- □ 大麦饭
- □ 多乳酸菌型酸奶
- □ 欧姆蛋
- □ 菠萝

午餐
- □ 墨西哥卷饼（火腿&奶酪）
- □ 蛋白质饮料
- □ 大福

晚餐
- □ 醋腌青花鱼（配黄瓜丝）
- □ 豆腐（1/2块）（豆腐汤）

第5天
早餐
- □ 大麦饭（加鲑鱼碎）
- □ 纳豆
- □ 火腿蛋
- □ 猕猴桃

午餐
- □ 豆皮寿司
- □ 烤鸡肉串（鸡胸肉）
- □ 酸奶

晚餐
- □ 水煮青花鱼罐头（加微波炉加热过的西蓝花&豆芽）
- □ 豆腐（1/2块）（加日式梅干）

第6天
早餐
- □ 大麦饭
- □ 多乳酸菌型酸奶
- □ 煎蛋
- □ 草莓

午餐
- □ 热狗面包或三明治
- □ 天然豆奶
- □ 糯米团子

晚餐
- □ 红烧沙丁鱼罐头（加卷心菜丝）
- □ 豆腐（1/2块）（豆腐汤）

第7天
早餐
- □ 大麦饭
- □ 纳豆
- □ 厚蛋烧（加苏子叶）
- □ 香蕉

午餐
- □ 饭团
- □ 沙拉鸡胸肉（原味）
- □ 酸奶

晚餐
- □ 三文鱼生鱼片（加洋葱丝&微波炉加热过的西蓝花）
- □ 豆腐（1/2块）（加柚子苦瓜粥）

7天减肥计划 B

计划开始日期：＿＿＿＿　计划开始前体重：＿＿＿＿　计划完成后体重：＿＿＿＿

一周食谱

每日加餐
●天然豆奶（无添加豆奶）

第1天
早餐
- □燕麦饭或燕麦杂蔬粥
- □蛋白粉
- □猕猴桃
- □纳豆 □黑咖啡

午餐
- □饭团（鲑鱼口味）
- □沙拉鸡胸肉（原味）
- □蔬菜汁

晚餐
- □咖喱番茄炖青花鱼
- □豆腐（1/2块）（加柠檬汁）
- □西蓝花芽

第2天
早餐
- □纳豆盖饭
- □蛋白粉
- □菠萝
- □黑咖啡

午餐
- □饭团（柴鱼口味）
- □沙拉鸡胸肉（香草口味）
- □蔬菜汁

晚餐
- □麻辣芝麻烤鱼
- □豆腐（1/2块）（加生姜泥）
- □西蓝花芽

第3天
早餐
- □燕麦杂蔬粥
- □蛋白粉
- □猕猴桃
- □黑咖啡

午餐
- □饭团（鸡肉什锦口味）
- □沙拉鸡胸肉（烟熏口味）
- □蔬菜汁

晚餐
- □蒜香橄榄油煎青花鱼
- □豆腐（1/2块）（加生姜泥）
- □西蓝花芽

第4天
早餐
- □香煎苏子叶银鱼饼
- □蛋白粉
- □菠萝
- □纳豆 □黑咖啡

午餐
- □饭团（糙米或大麦）
- □沙拉鸡胸肉（手斯）
- □蔬菜汁

晚餐
- □青花鱼海苔卷
- □豆腐（1/2块）（加芥末）
- □西蓝花芽

第5天
早餐
- □枫糖黄豆粉酸奶
- □蛋白粉
- □猕猴桃
- □黑咖啡

午餐
- □饭团（鲑鱼口味）
- □沙拉鸡胸肉（柠檬口味）
- □蔬菜汁

晚餐
- □青花鱼番茄拌面
- □豆腐（1/2块）（加苏打汁）
- □西蓝花芽

第6天
早餐
- □羊栖菜生姜拌饭
- □燕麦粥
- □蛋白粉
- □菠萝
- □纳豆 □黑咖啡

午餐
- □饭团（柴鱼口味）
- □沙拉鸡胸肉（酱方梅子酱口味）
- □蔬菜汁

晚餐
- □爽口小菜配青花鱼
- □豆腐（1/2块）（加大葱丝）

第7天
早餐
- □燕麦蘑菇味噌苏伶粥
- □蛋白粉
- □猕猴桃
- □纳豆 □黑咖啡

午餐
- □饭团（鸡肉什锦口味）
- □沙拉鸡胸肉（蒜香黑胡椒双味）
- □蔬菜汁

晚餐
- □蒜香西蓝花灰树花炒青花鱼
- □豆腐（1/2块）（加柴鱼片）
- □西蓝花芽

7天减肥 A 计划

计划开始日期：_____　计划开始前体重：_____　计划完成后体重：_____

一周食谱

第1天

早餐
- □ 大麦饭
- □ 纳豆
- □ 煎蛋
- □ 猕猴桃
（黑咖啡）

午餐
- □ 饭团（鲑鱼口味）
- □ 烤鸡肉串（鸡腿肉）
- □ 酸奶

晚餐
- □ 水浸青花鱼罐头（加黄瓜丝）
- □ 豆腐（1/2块）（加生姜泥）

第2天

早餐
- □ 大麦饭
- □ 泡菜
- □ 火腿蛋
- □ 香蕉
（黑咖啡）

午餐
- □ 三明治（火腿口味）
- □ 浓缩酸奶
- □ 糯米团子

晚餐
- □ 蒲烧沙丁鱼罐头（加生洋葱）
- □ 豆腐（1/2块）（加柴鱼片）

第3天

早餐
- □ 大麦饭
- □ 纳豆
- □ 煎蛋
- □ 草莓
（黑咖啡）

午餐
- □ 饭团（柴鱼口味）
- □ 烤鸡肉串或烤鸡肉丸
- □ 酸奶

晚餐
- □ 水浸秋刀鱼罐头（加微波炉加热过的豆芽）
- ○ 豆腐（1/2块）（加日式梅干）

第4天

早餐
- □ 大麦饭
- □ 纳豆
- □ 煎蛋
- □ 猕猴桃
（黑咖啡）

午餐
- □ 三明治（蔬菜口味）
- □ 浓缩酸奶
- □ 大福

晚餐
- □ 水浸鲑鱼罐头或烤鲑鱼罐头（加微波炉加热过的西蓝花）
- □ 豆腐（1/2块）（加苏子叶）

第5天

早餐
- □ 大麦饭
- □ 泡菜
- □ 火腿蛋
- □ 香蕉
（黑咖啡）

午餐
- □ 饭团（海苔口味）
- □ 炸鸡柳
- □ 酸奶

晚餐
- □ 味噌青花鱼罐头（加卷心菜丝）
- □ 豆腐（1/2块）（加生姜泥）

第6天

早餐
- □ 大麦饭
- □ 纳豆
- □ 煎蛋
- □ 草莓
（黑咖啡）

午餐
- □ 三明治（蔬菜口味）
- □ 浓缩酸奶
- □ 铜锣烧

晚餐
- □ 水浸秋刀鱼罐头（加卷心菜丝）
- □ 豆腐（1/2块）（加柚子胡椒）

第7天

早餐
- □ 大麦饭
- □ 纳豆
- □ 煎蛋
- □ 猕猴桃
（黑咖啡）

午餐
- □ 饭团（梅干口味）
- □ 沙拉鸡胸肉
- □ 酸奶

晚餐
- □ 蒲烧秋刀鱼罐头（加微波炉加热过的豆芽）
- □ 豆腐（1/2块）（加大葱丝）

1 燕麦片

燕麦片富含膳食纤维、维生素和矿物质，是备受关注的健康食材和美容食材。推荐每餐摄入30~40 g。

2 蛋白粉

蛋白粉种类繁多，不论哪一种，效果都差不多。请选择自己喜欢的口味。不同产品的蛋白质含量不同，一般一次吃能摄入20 g蛋白质的量即可。

喜欢的口味

3 猕猴桃或菠萝

"计划D"的水果有2个选择，分别是石本推荐水果排行榜名列第1名的猕猴桃和第2名的菠萝。猕猴桃可吃1~2个，菠萝摄入100~150 g为宜。

*冷冻水果也没问题。吃罐头水果时需沥干糖水。

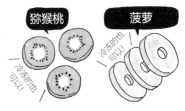

猕猴桃　　菠萝

冷冻的也可以！

4 纳豆

7天减肥法早餐的固定食材。可以搭配附赠的调料一起吃。如果实在不喜欢纳豆，可以与"计划C"一样，用多乳酸菌型酸奶或泡菜代替。

纳豆

5 黑咖啡

早上来一杯黑咖啡，帮助身体开启活力满满的一天。请一定要每天早上喝一杯。不喜欢黑咖啡的人，可以用不含热量的功能性饮料代替。

黑咖啡

25

计划 D

午餐示例

Lunch

午餐与"计划C"一样，所有食物都能在便利店买到。基本搭配是饭团、沙拉鸡胸肉、蔬菜汁。此外，"计划D"还将介绍一些肉类与鱼类的配菜食谱，非常适合自己做饭、带饭的朋友。一定要试试看。

 饭团  **沙拉鸡胸肉** **蔬菜汁**

梅
经典梅干口味

沙拉鸡胸肉　原味

蔬菜 JUICE
要选择纯蔬菜汁！

建议进餐时间
12
9　　　3
6

中午12:00~1:00

午餐和早餐的进食时间，建议间隔4~6小时。
尽可能保持每天相同时间用餐。

加餐

Snack

只需在最容易肚子饿的午餐与加餐之间加餐，就能大幅提高减肥效果。也许你会有所怀疑，"加餐竟然有助于减肥？"但我指导减肥的经验表明，加餐确实有着促进减肥的效果，请一定要记得按时加餐哦！

天然豆奶
天然豆奶

1 饭团

可从日式梅干、糙米、盐味、海苔的4种口味中，每天任选1个喜欢的作为主食。在便利店售卖的饭团中，这4种口味的热量相对较低。

→做饭、带饭

米饭100~150 g

可用100~150 g米饭代替便利店的饭团。

香糯可口

满满大海的味道

简单经典

2 沙拉鸡胸肉

沙拉鸡胸肉热量低，蛋白质含量高，非常适合在减肥期间吃。分量太少就无法摄入足量的蛋白质，请选择常规分量的产品。

→做饭、带饭

肉类的配菜

后文会介绍与沙拉鸡胸肉营养相当的肉类配菜食谱。还有海鲜和米饭一起享用的食谱。

3 蔬菜汁

搭配1盒能轻松补充维生素与矿物质的蔬菜汁。请务必选择减肥效果更佳的"100%纯蔬菜汁"。不要买标记有"不含热量"字样的产品。

大口吃海鲜吧！

鲜美鸡肉！

建议加餐时间

下午3:00

天然豆奶

"计划D"为了打造易瘦体质，还需在下午3:00加餐。是否在这个时间喝1盒豆奶，减肥效果完全不同。

→如果喝腻了豆奶

可替换为"浓缩酸奶"或"200 ml小盒装蛋白质饮料"

→7天减肥结束后也想继续加餐

为做饭的朋友设计了原创加餐食谱，详见P199—200。

计划 D

晚餐示例

Dinner

基本搭配是主菜、半块豆腐、西蓝花芽或彩椒。注重减肥效果的"计划B"中，主菜只有水浸青花鱼罐头，进阶版加入了鲑鱼、核桃以及牛油果料理！

青花鱼

大蒜、生姜、大葱，还有豆腐

干烧青花鱼麻婆豆腐

全部在一盘之中！

1 水浸青花鱼罐头　**2** 豆腐　**3** 彩椒（红）

建议进餐时间

晚上7:00~8:00

工作或家务繁忙的人也请尽可能在这7天里，
于这一时间段吃晚餐。

1 水浸青花鱼罐头

工作太忙没时间的人可以直接吃水浸青花鱼罐头,同时也可以按照介绍的其他简单食谱吃! 美味的食谱甚至令人无法想象是用水浸青花鱼罐头做成的。请照着书中的食谱制作,在减肥的同时享受烹饪的乐趣吧。除了水浸青花鱼罐头,还有具有相同减肥效果的鲑鱼食谱、核桃和牛油果食谱,请灵活搭配组合。

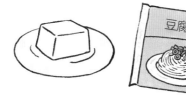

2 豆腐

"计划D"中将介绍豆腐的创意食谱。做成热豆腐、豆腐素面或盖浇饭,不仅改善浮肿的减肥功效不变,还能品尝到多款美味佳肴。

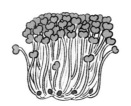

3 西蓝花芽、彩椒

西蓝花芽和彩椒具有抗氧化效果,这一功效在延缓衰老方面备受关注。它们都是能让人"越吃越瘦,越吃越年轻"的优秀食材。两种食物都可以每天想吃多少吃多少。

7天减肥

计划

A

一周食谱	第1天	第2天	第3天
	早餐	**早餐**	**早餐**
	● 大麦饭	● 大麦饭	● 大麦饭
	● 纳豆	● 泡菜	● 纳豆
	● 煎蛋	● 火腿蛋	● 煎蛋
	● 猕猴桃	● 香蕉	● 草莓
	（黑咖啡）	（黑咖啡）	（黑咖啡）
	午餐	**午餐**	**午餐**
	● 饭团（鲑鱼口味）	● 三明治（火腿口味）	● 饭团（柴鱼口味）
	● 烤鸡肉串（鸡腿肉）	● 浓缩酸奶	● 烤鸡肉串或烤鸡肉丸
	● 酸奶	● 糯米团子	● 酸奶
	晚餐	**晚餐**	**晚餐**
	● 水浸青花鱼罐头	● 蒲烧沙丁鱼罐头	● 水浸秋刀鱼罐头
	（加黄瓜丝）	（加生洋葱）	（加微波炉加热过的
	● 豆腐（1/2块）	● 豆腐（1/2块）	豆芽）
	（加生姜泥）	（加柴鱼片）	● 豆腐（1/2块）
			（加日式梅干）

适合意志力薄弱或工作忙、
空闲时间少的人

　　"计划A"适合抑制不住食欲、意志力薄弱以及虽然想减肥却因为工作太忙无暇顾及吃什么的人群。对减肥没信心的人，可以先尝试"计划A"，如果效果理想，再升级为"计划B"，这也是一种不错的选择。

第4天

早餐
- ●大麦饭
- ●纳豆
- ●煎蛋
- ●猕猴桃
  （黑咖啡）

午餐
- ●三明治(蔬菜口味)
- ●浓缩酸奶
- ●大福

晚餐
- ●水浸鲑鱼罐头或烤鲑鱼罐头
  （加微波炉加热过的西蓝花）
- ●豆腐(1/2块)
  （加苏子叶）

第5天

早餐
- ●大麦饭
- ●泡菜
- ●火腿蛋
- ●香蕉
  （黑咖啡）

午餐
- ●饭团(海苔口味)
- ●炸鸡柳
- ●酸奶

晚餐
- ●味噌青花鱼罐头
  （加卷心菜丝）
- ●豆腐(1/2块)
  （加生姜泥）

第6天

早餐
- ●大麦饭
- ●纳豆
- ●煎蛋
- ●草莓
  （黑咖啡）

午餐
- ●三明治(蔬菜口味)
- ●浓缩酸奶
- ●铜锣烧

晚餐
- ●水浸秋刀鱼罐头
  （加卷心菜丝）
- ●豆腐(1/2块)
  （加柚子胡椒）

第7天

早餐
- ●大麦饭
- ●纳豆
- ●煎蛋
- ●猕猴桃
  （黑咖啡）

午餐
- ●饭团（梅干口味）
- ●沙拉鸡胸肉
- ●酸奶

原味

晚餐
- ●蒲烧秋刀鱼罐头
  （加微波炉加热过的豆芽）
- ●豆腐(1/2块)
  （加大葱葱丝）

第1天 早餐

Breakfast

喜欢的水果

纳豆

黑咖啡

大麦饭

煎蛋2个

● ● ● ● ● ● ● ● ● ● **Q&A** ● ● ● ● ● ● ● ● ● ●

目标是7天达到减肥目的，一日三餐照吃不误，真的没问题吗？

减肥进展不顺的原因之一是抵挡不住美食的诱惑。按照7天减肥计划的食谱吃，能帮助我们抑制过盛的食欲。因此，反而要求实施者一定要按时吃三餐！

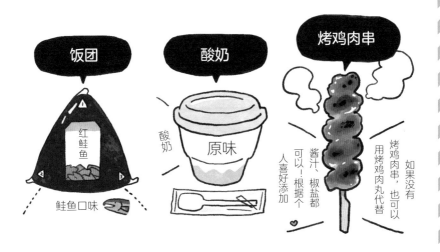

Q&A

早上和中午都摄入糖类，真的没问题吗？

糖类是驱动身体的"汽油"！在进行某项活动前，补充糖类物质可以让人振奋，代谢速率提升，身体更敏捷。事实上，在一天刚开始的早上和接下来还有很多活动等着开展的中午摄入糖类物质，能让人慢慢变成易瘦体质。

33

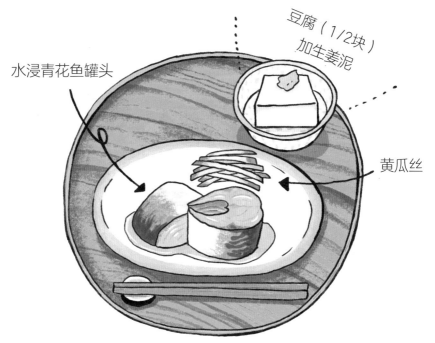

第1天 晚餐

Dinner

豆腐（1/2块）
加生姜泥

水浸青花鱼罐头

黄瓜丝

※ 可以用自己喜欢的调料为豆腐和蔬菜调味。

● ● ● ● ● ● ● ● ● ● ● Q&A ● ● ● ● ● ● ● ● ● ● ●

不喜欢吃青花鱼这类青背鱼，
可以吃其他种类的鱼吗？

不喜欢吃青背鱼的人，也可以吃鲑鱼。
吃鱼的好处远比大家想象的要多。吃的
时候可以根据自己的口味进行调味，大家可以
好好发挥一下。

34

Breakfast

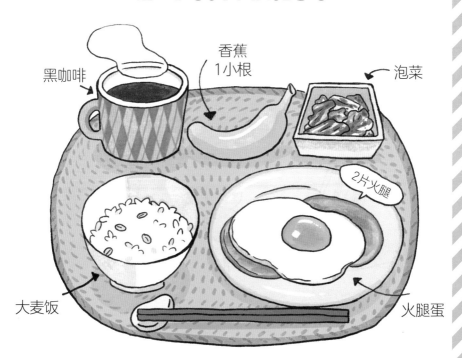

黑咖啡

香蕉
1小根

泡菜

2片火腿

大麦饭

火腿蛋

• • • • • • • • • • **Q&A** • • • • • • • • • • •

什么时候开始实践"7天减肥法"比较好？

任何时候实践"7天减肥法"都能出效果。

不过，女性在生理期前后体重不太稳定，可能会不太容易分辨出效果。推荐在生理期结束后再开始。

第2天 午餐

Lunch

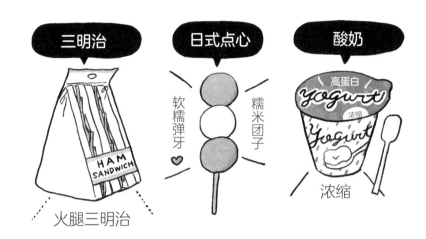

三明治 / 火腿三明治

日式点心 / 软糯弹牙 ♥ / 糯米团子

酸奶 / 高蛋白 yogurt 浓缩 / 浓缩

Q&A

减肥期间真的可以吃日式点心吗？

如果完全不吃自己爱吃的点心,反而会因为心理负担而导致减肥受挫! 中午吃日式点心有很多好处,还能满足我们对点心的渴望,所以索性就允许自己吃吧!

36

第2天 晚餐

Dinner

生洋葱丝

豆腐（1/2块）
加柴鱼片

蒲烧沙丁
鱼罐头

※ 可以用自己喜欢的调料为豆腐和蔬菜调味。

● ● ● ● ● ● ● ● ● ● Q&A ● ● ● ● ● ● ● ● ● ●

可以喝酒吗？

✗ 直接说结论！比起点心，酒才是减肥的
天敌。这次的减肥计划时间设定为7天，
因此请大家把这段时间当成是减肥特殊时期，
千万要控制住自己，不要喝酒哟！

Breakfast

喜欢的水果

黑咖啡

纳豆

煎蛋2个

大麦饭

 Q&A

一天吃两个鸡蛋真的没问题吗?

鸡蛋中含有除维生素C和膳食纤维以外的所有营养素,几乎可以说是全能营养食品,所以我反倒推荐大家要多吃。建议一天吃1~3个!吃鸡蛋盖饭的时候要细嚼慢咽。

Lunch

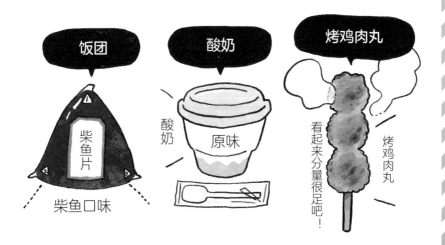

饭团

柴鱼片

柴鱼口味

酸奶

酸奶

原味

烤鸡肉丸

看起来分量很足吧！

烤鸡肉丸

Q&A

平时吃饭基本不怎么吃蔬菜，怎么办？

在大家的印象里"蔬菜意味着健康，是维生素和矿物质的重要来源"，但实际上保存不当或烹饪方式不当会导致蔬菜的营养素流失！如果实在不喜欢吃蔬菜，那就在实践"7天减肥法"期间通过水果来摄入维生素和矿物质吧！

39

Dinner

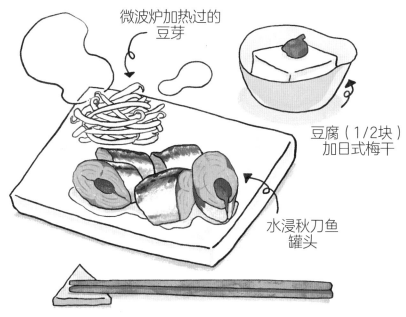

微波炉加热过的
豆芽

豆腐（1/2块）
加日式梅干

水浸秋刀鱼
罐头

※ 可以用自己喜欢的调料为豆腐和蔬菜调味。

● ● ● ● ● ● ● ● ● ● **Q&A** ● ● ● ● ● ● ● ● ● ●

人变得烦躁不安，真的还要继续下去吗？

在我的指导经验里，有遇到过个别人因
为饮食习惯的改变而变得焦躁不安的
情况。但大部分人都在3~4天后就恢复正常了，
因此大家一定要加油，坚持住哟！

第4天 早餐

Breakfast

黑咖啡

喜欢的水果

纳豆

大麦饭

煎蛋2个

Q&A

基本感觉不到身体的变化，真的有效果吗？

即使难以察觉"7天减肥计划"的效果，也不用担心！虽然从外观和体重上看不出什么变化，但其实身体内部已经确确实实地在发生改变。还请大家不要放弃，继续坚持。

41

Lunch

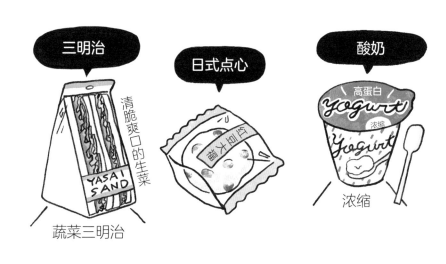

三明治

清脆爽口的生菜

YASAI SAND

蔬菜三明治

日式点心

日式点心

酸奶

高蛋白

yogurt

浓缩

Yogurt

浓缩

Q&A

午餐和晚餐之间不吃东西可以吗？

❌ 两餐之间间隔时间太长,肌肉就会减少,导致变成不易瘦的体质! 如果两餐间隔较长,为降低风险,可以在午餐的时候选择稍微大一点的饭团或三明治,然后晚餐的鱼罐头选择偏小份一点的。

第4天 晚餐

Dinner

豆腐（1/2块）
加苏子叶

微波炉加热过的
西蓝花

水浸鲑鱼罐头

※ 可以用自己喜欢的调料为豆腐和蔬菜调味。

Q&A

晚餐的青花鱼可以选择鱼干吗？

✕ 青花鱼中含有的优质脂肪不耐热、不耐光，晒干的青花鱼脂肪被氧化，导致无法发挥原有的功效。因此建议大家吃新鲜状态下加工制成的青花鱼罐头。

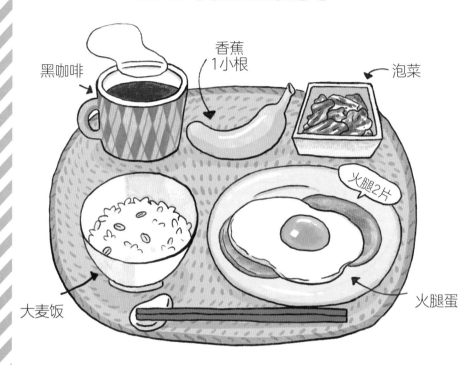

第5天 早餐

Breakfast

黑咖啡

香蕉
1小根

泡菜

火腿2片

大麦饭

火腿蛋

Q&A

早餐的水果可以挪到晚餐吃吗?

✗ 虽然水果给人健康的印象,但主要成分是糖类物质,因此早餐或午餐的时候吃可以帮助提高身体的代谢能力。而睡前吃的话就不具有这样的效果了,所以要尽量避免晚上吃水果。

Lunch

饭团

酸奶

炸鸡柳

海苔

酸奶

原味

低热量&高蛋白质!

鸡胸肉是减肥的法宝

海苔口味

Q&A

烤鸡肉串、炸鸡柳等，午餐吃这些真的没问题吗？

减肥时科学挑选肉类的要点就是高蛋白质、低脂肪！从这个角度看，鸡肉要比牛肉和猪肉都更合适。而其中比较推荐的是鸡胸肉、去皮鸡腿肉。

45

第5天 晚餐

Dinner

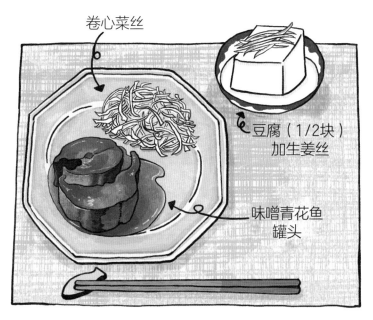

卷心菜丝

豆腐（1/2块）
加生姜丝

味噌青花鱼
罐头

※可以用自己喜欢的调料为豆腐和蔬菜调味。

● ● ● ● ● ● ● ● ● ● **Q&A** ● ● ● ● ● ● ● ● ● ●

青花鱼罐头的汤汁也要吃完吗？

可以不吃完。可能有人觉得汤汁里有营养成分，倒掉可惜了。其实营养并没有大家想象中那么多，反而是钠含量会比较高。

46

Breakfast

喜欢的水果

纳豆

黑咖啡

大麦饭

煎蛋2个

 Q&A

不运动,真的能瘦下来吗?

○ 运动肯定效果会更好,但集中精力改变饮食习惯会让你瘦很多。就算减肥期间坚持运动,也要先考虑饮食问题。

47

Lunch

三明治

清脆爽口的生菜

蔬菜三明治

日式点心

铜锣烧

酸奶

高蛋白

浓缩

浓缩

Q&A

鱼油真的有助于减肥吗?

鱼油,特别是青花鱼、沙丁鱼等鱼类的,多数都既健康,美容效果又好,是减肥时必吃的脂肪类食物。相反,减肥的时候最好避免食用畜禽肉类的脂肪,要尽可能地减少摄入。

Dinner

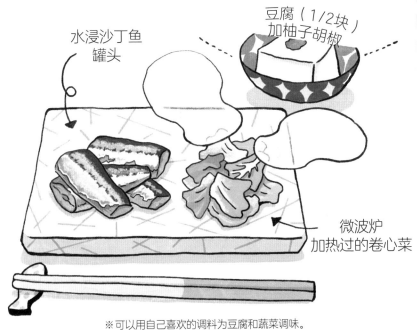

水浸沙丁鱼
罐头

豆腐（1/2块）
加柚子胡椒

微波炉
加热过的卷心菜

※ 可以用自己喜欢的调料为豆腐和蔬菜调味。

 Q&A

晚餐的蔬菜可以吃到肚子饱为止吗？

豆芽、卷心菜、黄瓜、西蓝花、洋葱，这些
蔬菜大家都可以放开吃。但只吃蔬菜很难
摄取充足的营养素，建议作为配菜灵活选择。

第7天 早餐

Breakfast

喜欢的水果

纳豆

黑咖啡

大麦饭

煎蛋2个

● ● ● ● ● ● ● ● ● ● **Q&A** ● ● ● ● ● ● ● ● ● ●

有没有哪种食材，光吃就能让人变瘦？

能否变瘦并不取决于某一种食材，而是由1天或1周的整体饮食结构决定的。"7天减肥计划"中给出的食谱可以通过整体的饮食搭配有效达到减肥目的。

50

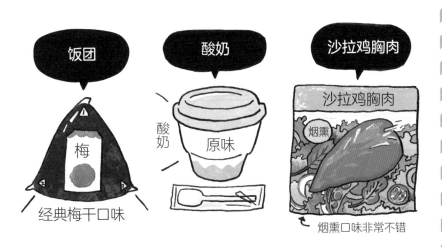

第7天 午餐

Lunch

饭团

梅

经典梅干口味

酸奶

酸奶 原味

沙拉鸡胸肉

沙拉鸡胸肉

烟熏

烟熏口味非常不错

Q&A

减肥的时候，是不是最好彻底断绝脂肪？

过度控制脂肪的摄取，会导致皮肤和头发失去光泽，甚至会出现激素分泌失调等问题。去掉不必要的脂肪，适度摄取优质脂肪，让你美美地瘦下来是7天减肥的特点。

51

Dinner

微波炉加热过的
豆芽

豆腐（1/2块）

加大葱葱丝

蒲烧秋刀鱼罐头

※可以用自己喜欢的调料为豆腐和蔬菜调味。

Q&A

减肥中途出现头痛、疲劳感，没问题吧？

在实施"7天减肥计划"的过程中，如果出现轻微头痛或疲劳感，很可能是因为身体正在朝着好的状态发生变化。不过，如果觉得症状持续的时间有点长的话，可以暂停计划，或者咨询医生。

7天减肥

计划 A

饮食小贴士

第1天

- 大麦饭、纳豆、2个煎蛋、1~2个猕猴桃、黑咖啡，即使是减肥期间，也能心满意足地吃上早餐，这就是7天减肥法的科学之处。

- 饭团可选择柴鱼、海苔、盐味等各种口味，但要注意避开脂肪含量高的口味。

- 鱼肉罐头不只局限于水浸型，蒲烧的也可以。鱼的种类最好选择青花鱼、沙丁鱼等。

第2天

- 吃火腿蛋的要点在于要1个鸡蛋加2片火腿。乍一看可能觉得热量超标，但其实不然，这道菜主要是为了摄入充足的热量。

- 搭配三明治一起吃的酸奶，建议选择蛋白质含量比普通酸奶更多的浓缩酸奶。

- 南豆腐的蛋白质含量更丰富，而北豆腐的维生素、矿物质含量更丰富，两者差别不大，选自己喜欢吃的即可。

第3天

- 与其完全不吃高热量水果，不如注意食用的量。一大颗草莓的热量才不过42 kJ 左右。只要别吃太多，就不会变胖。

- 吃烤鸡肉串的时候到底要不要蘸酱汁或盐呢？其实差别没有大家想象的那么大，根据自己的喜好调味即可！

- 鱼肉罐头是7天减肥法中的关键食材，为防止自己吃腻某一样东西，扩大口味的选择范围也非常重要！

第4天

- 第4天的早餐食谱和第1天是一样的。大家也可以试着把大麦饭换成糙米饭或其他五谷杂粮饭，把纳豆换成泡菜或富含双歧杆菌的酸奶等。

- 推荐大家选择火腿三明治或蔬菜三明治。如果便利店没有三明治，可以用卷饼代替。

- 鲑鱼罐头或烤鲑鱼都可以！鲑鱼中富含虾青素。虾青素具有较强的抗氧化能力，是延缓衰老的好帮手。

第5天

- 大麦饭的营养价值比白米饭高，但如果觉得每天煮太麻烦，也可以选择速食大麦饭或者一次性做好，分装后放在冰箱冷冻保存。

- 炸鸡柳的关键在于脂肪含量少的鸡胸肉。因此也是少有的可以食用的油炸食品。

- 卷心菜丝不仅低糖还富含膳食纤维，脆脆的口感能增加咀嚼次数以及提升吃东西时的满足感，大家可以多吃。

第6天

- 纳豆是含有优质营养物质的发酵食材，1天吃1盒纳豆就能大幅提高减肥成功率！

- 减肥期间可以吃点心，但只限于午餐的时候吃。点心要选择口味清淡的、低糖的。

- 豆腐和鱼肉搭配起来吃，就是营养均衡的一餐。

第7天

- 只是单纯地吃早餐是无法让人变瘦的，但如果每天都吃精心设计过的早餐，就能让你的身体渐渐接近易瘦体质！

- 用沙拉鸡胸肉代替烤鸡肉串时，摄入的蛋白质可能过剩，因此酸奶要选择小杯的。

- 无论从性价比还是口感来看，豆芽都是减肥期间的优选食材。

延伸知识！

7天减肥法专栏 ❶

自己带午饭的朋友……

米饭＋主菜（肉类）即可

在实施"7天减肥计划"的过程中，可能有"午饭不想吃便利店食品，想自己带饭"的朋友。这里介绍几点自己做便当时的要点。只要掌握这几个要点，"7天减肥计划"就能继续开展。

1 便当盒的大小为单层的容量为500 ml左右的便当盒或椭圆形便当盒。

→即边角弯曲的便当盒。细致规定饭菜的具体量太费力，干脆先确定便当盒的大小，然后再考虑所装的饭菜量。

2 便当里必装的是米饭和菜。菜为肉类，请任选一道。

→米饭为普通的白米饭即可。肉菜不可以是猪肉。推荐选择照烧鸡肉、番茄炖鸡肉等。冷冻鸡肉丸子也可以！选择吃鱼的朋友，推荐烤鲑鱼、萝卜炖鱼块等。实施"计划A"时，早餐的水果如果没有吃，可以留到中午和便当一起吃。

便当里只需要装米饭和一道肉菜即可。大家也可以加点各色蔬菜，但不是必需食材，比较忙的朋友简单准备即可。

7天减肥
计划
A
挑战者
心声

身体很笨重，很想尝试改变！

最近，连楼梯都懒得爬……

我平时工作很忙，饮食很不规律。意识到的时候，已经面部松弛，腹部突出，连爬地铁站的楼梯都很吃力。心想再这样下去绝对不行，所以就尝试挑战"7天减肥计划A"。

早餐基本和普通的早餐套餐一样，大麦饭加纳豆、煎蛋、水果的组合。午餐跟平时吃的一样，去便利店买饭团或三明治就行，实施起来还是挺轻松的。晚餐的话，一开始还担心每天吃鱼肉罐头会不会吃腻，但因为有青花鱼、沙丁鱼、秋刀鱼等鱼类可供选择，每天换着吃也就克服了。

挑战者
作家 T 先生
（30岁出头）

工作太忙了，压力一大就拼命吃东西。意识到的时候腰间的赘肉已经像是"游泳圈"了！

第1天

想到要坚持7天就好紧张啊！早餐吃得很满足，好开心。

第2天

总感觉比平时缺了点什么
午餐能吃到甜食，总算松了口气。

第3天

好像开始习惯这样的饮食方式了
每天都很期待去便利店买午餐。

第4天

蔬菜让人很有饱腹感
肚子很饿，所以吃了很多西蓝花。

身体变轻，
肿胀消失

这7天时间我把它当成是集训，按照食谱坚持了下来！结果是早上醒来状态变得很好，皮肤也变好了。身体也变得比一周前更灵活了。

第7天

耶！成功坚持了7天
身体状态变好，有点想再坚持几天了！

第6天

感觉自己的肠胃可能变好了
之前大便比较稀，现在感觉恢复正常了。

第5天

吃到了久违的油炸食品，十分感激
午餐吃的炸鸡柳真是太美味了。

7天减肥

计划 B

一周食谱

每日加餐
●天然豆奶

第1天	第2天	第3天
早餐	**早餐**	**早餐**
●燕麦饭或燕麦杂烩粥 ●蛋白粉 ●猕猴桃 ●纳豆 ●黑咖啡	●纳豆盖饭 ●蛋白粉 ●菠萝 ●黑咖啡	●燕麦杂烩粥 ●蛋白粉 ●猕猴桃 ●黑咖啡
午餐	**午餐**	**午餐**
●饭团(鲑鱼口味) ●沙拉鸡胸肉(原味) ●蔬菜汁	●饭团(柴鱼口味) ●沙拉鸡胸肉 (香草口味) ●蔬菜汁	●饭团(鸡肉什锦口味) ●沙拉鸡胸肉 (烟熏口味) ●蔬菜汁
晚餐	**晚餐**	**晚餐**
●咖喱番茄炖青花鱼 ●豆腐(1/2块) (加柠檬汁) ●西蓝花芽	●麻辣芝麻烤鱼 ●豆腐(1/2块) (加生姜泥) ●西蓝花芽	●蒜香橄榄油煎青花鱼 ●豆腐(1/2块) (加生姜泥) ●西蓝花芽

适合意志坚定、想在短时间内达到减肥目的的人

"一周后就是同学聚会，想尽快恢复以前苗条的身材，哪怕只瘦一点点也好。""想美美地瘦下来，迎接重要的工作！""计划B"提供的食谱方案搭配了能改善肠道环境、减肥效果显著的燕麦片、青花鱼罐头等食物，因此仅通过调整饮食就能获得理想的减肥效果。

第4天

早餐
- 香煎苏子叶银鱼饼
- 蛋白粉
- 菠萝
- 纳豆
- 黑咖啡

午餐
- 饭团（糙米或大麦）
- 沙拉鸡胸肉（手撕）
- 蔬菜汁

晚餐
- 青花鱼海苔卷
- 豆腐（1/2块）（加芥末）
- 西蓝花芽

第5天

早餐
- 枫糖黄豆粉酸奶
- 蛋白粉
- 猕猴桃
- 黑咖啡

午餐
- 饭团（鲑鱼口味）
- 沙拉鸡胸肉（柠檬口味）
- 蔬菜汁

晚餐
- 青花鱼番茄拌面
- 豆腐（1/2块）（加苏子叶）
- 西蓝花芽

第6天

早餐
- 羊栖菜生姜拌燕麦饭
- 蛋白粉
- 菠萝
- 纳豆
- 黑咖啡

午餐
- 饭团（柴鱼口味）
- 沙拉鸡胸肉（紫苏梅干酱口味）
- 蔬菜汁

晚餐
- 爽口小菜配青花鱼
- 豆腐（1/2块）（加大葱葱丝）

第7天

早餐
- 燕麦蘑菇味噌杂烩粥
- 蛋白粉
- 猕猴桃
- 纳豆
- 黑咖啡

午餐
- 饭团（鸡肉什锦口味）
- 沙拉鸡胸肉（蒜香黑胡椒风味）
- 蔬菜汁

晚餐
- 蒜香西蓝花灰树花炒青花鱼
- 豆腐（1/2块）（加柴鱼片）
- 西蓝花芽

同样的食物
在相同时间段吃，
吃法不同，
吃出来的身材也不同

每天基本吃同样的食物，并且尽量都在相同时间段吃。

这是短期内减肥取得成功的秘诀。实际操作后你会发现，

因为不用每天花心思考虑吃什么，反而很轻松。

每天在相同时间段吃同样的食物，

渐渐地身体会自然而然地适应这种节奏，

从而毫不费力地塑造出美丽身形。

在相同时间段吃东西！

Breakfast

蛋白粉

猕猴桃

纳豆

黑咖啡

做法简单
味道却很好！♡

速食汤料包
意大利杂菜汤

超级简单的
早餐食谱！

燕麦杂烩粥　或　燕麦饭

材料

燕麦片……40 g

水……100 ml

速食汤料包……1包

制作方法

❶ 将燕麦片和水加入耐热的深口容器中（水加至完全没过燕麦片），放进微波炉加热1分钟。

❷ 将速食汤料加到❶里，冲入热水（水量参考汤料包的食用说明）进行搅拌。

材料

燕麦片……40 g

水……80 ml

喜欢的拌饭料……适量

制作方法

❶ 将燕麦片和水加入耐热器皿中（水加至完全没过燕麦片），放进微波炉加热1分钟。

❷ 加入喜欢的拌饭料。

稍微加工一下就能享受到美味的燕麦餐

　　燕麦片分为"原味"和"调味"两种。如果想按照食谱里介绍的方法调成自己喜欢的口味，就需要买"原味"的。

Lunch

饭团

蔬菜汁

沙拉鸡胸肉

要选择纯蔬菜汁！

红鲑鱼

YASAI JUICE

沙拉鸡胸肉

原味

鲑鱼口味

原味

Snack

无添加豆奶

天然豆奶

喝豆奶不仅能轻松补充蛋白质，还能摄取有益女性健康、具有美容功效的重要物质——大豆异黄酮。因此，豆奶是非常好的食品。为防止效果大打折扣，请大家务必选择天然豆奶。

蛋白质摄入不足时，容易浮肿吗？！

血液中的蛋白质物质"白蛋白"具有调节血管内外水分含量的作用。因此，当蛋白质摄入不足时，容易诱发浮肿。蛋白质不仅对于肌肉来说不可或缺，对于预防浮肿也十分重要。"7天减肥计划"科学考虑实施者预防浮肿的需求，切实保证蛋白质的充分摄入。

64

Dinner

西蓝花芽

豆腐（1/2块）
（加柠檬汁）

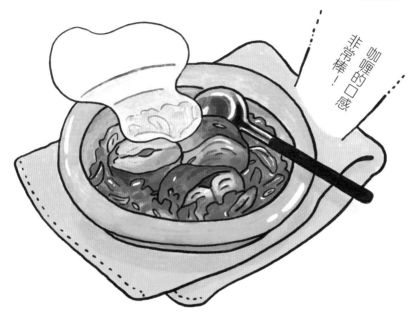

咖喱的口感
非常棒！

咖喱番茄炖青花鱼

材料

水浸青花鱼罐头……100 g

青花鱼罐头汁……1大勺

洋葱……20 g

番茄罐头……60 g

咖喱粉……1小勺

橄榄油……少量

制作方法

❶ 洋葱切碎末。

❷ 在平底锅中涂上薄薄的一层橄榄油，开小火翻炒洋葱。

❸ 炒至洋葱变软后，加入青花鱼、青花鱼罐头汁、番茄、咖喱粉，小火煮2~3分钟，煮的时候适时地搅拌几下。

青花鱼和咖喱的完美结合

青花鱼和咖喱粉是非常搭配的两种食材！青花鱼中加入洋葱和番茄，炖完以后菜量会变得很足，让人大饱口福。炖的时候要小火慢炖，注意不要炖糊了。

成败在此一举，
需要强大意志力的第2天

平时有吃点心、下馆子习惯的朋友，

开始实行"7天减肥计划"时，

身体最初可能会发出反抗信号，

"为什么不能像平时那样有点心吃"，

肚子饿到睡不着觉。

但慢慢地，身体会放弃反抗，

感到肚子饿的次数也会变少，

因此前两天一定要拿出决心哟！

第2天 早餐

Breakfast

蛋白粉

黑咖啡

菠萝

切丝萝卜干非常有嚼劲!

纳豆盖饭

材料

燕麦片……40 g

水……80 ml

纳豆……1盒

切丝萝卜干……3 g

黑芝麻……1/2小勺

西蓝花芽……5 g

制作方法

❶ 用流水搓洗萝卜干,然后放在沥水篮中沥干。切去西蓝花芽的根部。

❷ 将燕麦片和水加入耐热容器中(水加至完全没过燕麦片),放进微波炉加热1分钟。

❸ 用刀将❶中的切丝萝卜干剁碎,和纳豆混合。

❹ 在❷中的燕麦片中撒上黑芝麻,加入❶中的西蓝花芽和❸中处理好的食材。

纳豆和燕麦片的组合十分美味

黏稠的纳豆和口感爽脆的萝卜干混合后的口味能让人吃完以后上瘾! 同时推荐搭配燕麦片。早上摄入点盐分是没问题的,加点纳豆酱汁也可以。

Lunch

饭团

柴鱼片

柴鱼口味

蔬菜汁

要选择纯蔬菜汁！

YASAI JUICE

沙拉鸡胸肉

沙拉鸡胸肉

香草口味

香草口味

加餐

Snack

无添加豆奶

天然豆奶

"7天减肥计划"可以改善肠道环境，让肌肤更美丽！

肉吃多了容易便秘吗？！

蛋白质对身体有益，但如果一直吃肉，就容易导致便秘、体味重。究其原因是未完全分解的蛋白质滞留在大肠内，发生腐败。"7天减肥计划"提供的食谱兼顾均衡膳食和肠道环境健康，因此大家可以放心实施。

第2天 晚餐
Dinner

西蓝花芽　　豆腐(1/2块)
　　　　　　　（加生姜丝）

芝麻的香味很浓郁！

麻辣芝麻烤鱼

材料

水浸青花鱼罐头……100 g

白芝麻……1小勺

七味粉……0.5 g

橄榄油……少量

制作方法

❶ 将青花鱼掰成适口大小，用厨房用纸擦去水分。

❷ 在托盘里撒上白芝麻、七味粉，再将❶中的青花鱼裹满调料。

❸ 在平底锅中涂上薄薄的一层橄榄油，再将❷中的青花鱼煎至金黄。

裹上白芝麻，味道香极了

　　给青花鱼裹上一件白芝麻"外衣"，味道香极了。吃起来外脆里嫩又多汁。虽然只是对青花鱼罐头进行简单的调味，但七味粉的麻辣使鱼的味道更加浓郁。

69

第3天

能挺过3天的人，
就一定能实现7天减肥目标

如果能将要求较为严苛的"计划B"坚持3天，

你就已经非常了不起了！

能撑过最辛苦的前两天，坚持到现在，

那么我相信你一定能成功坚持完7天的减肥计划！

如果还是对自己没信心，

那就试着在脑海中设想一下7天后自己减肥成功，

美美地瘦下来的样子吧！

Breakfast

蛋白粉　猕猴桃　黑咖啡

泡菜辣辣的口感真是太棒了！

燕麦杂烩粥

材料

燕麦片……40 g

水……200 ml

泡菜……50 g

韭菜……5 g

香菇……1朵

鸡汤汤料包……2 g

味噌……1小勺（6 g）

制作方法

❶ 将韭菜斜切成3~4 cm长的小段。将香菇去蒂，切成薄片。

❷ 把所有材料放入锅中，边煮边搅拌，防止粘锅，加热到沸腾。香菇煮熟后就可以关火。

泡菜和燕麦片的组合让身体暖烘烘

　　泡菜和纳豆一样，都是调理肠道的发酵食品，能够弥补燕麦片不易消化的不足，是非常合适的食物组合，能让我们在早起后身体暖烘烘的，保持头脑清醒。

71

第3天 午餐

Lunch

饭团

鸡肉什锦

推荐鸡肉
什锦！ ❤

蔬菜汁

要选择纯蔬菜汁！

YASAI JUICE

沙拉鸡胸肉

沙拉鸡胸肉

烟熏口味 ✦

加餐

Snack

无添加豆奶

天然豆奶

20 g蛋白质是什么概念呢？

　　蛋白质摄入不足或摄入过量都不可取！推荐摄入量为每餐20~30 g。不过，20 g蛋白质是什么概念呢？不清楚的朋友可以看一下沙拉鸡胸肉的食品成分表。1份沙拉鸡胸肉的蛋白质含量为20~25 g。"原来这个分量的鸡肉，蛋白质含量大约为20 g"，这样你就有大致的概念了。

西蓝花芽

豆腐(1/2块)
（加生姜泥）

第3天 晚餐

Dinner

好烫好烫！
一边吹着热气，
一边享受美味佳肴。

蒜香橄榄油煎青花鱼

材料

水浸青花鱼罐头……100 g

杏鲍菇……15 g

大蒜……2 g

红辣椒(切圈)……0.5 g

橄榄油……1/2小勺(2 g)

制作方法

❶ 将大蒜切成碎末,将杏鲍菇切成便于食用的大小。

❷ 向平底锅中加入橄榄油加热,放入蒜末和切成圈的红辣椒,加热至产生蒜香味后将火调小。

❸ 在❷中加入切成适口大小的青花鱼和杏鲍菇,青花鱼微焦后,改成中火继续加热。

重点是要用小巧的平底锅来做

　　如果用小巧点的平底锅来做,即使只用了1/2小勺的橄榄油,也能让蒜油包裹青花鱼,做出蒜香橄榄油风味。搭配西蓝花芽一起食用,可以去除青花鱼的腥味。

不盲目戒糖，充分摄入糖类，爬楼梯都变轻松了

以前步行外出、爬楼梯都很吃力，

最近不知为何好像变轻松了！

察觉到的这些现象正是身体发生变化的证据。

"7天减肥计划"提供的早餐和午餐食谱能让我们充分摄取糖类，

为生命活动提供能量来源，提升我们的体力和精力，

让我们在减肥的同时又不失活力。

74

第4天 早餐

Breakfast

蛋白粉　　菠萝　　纳豆　　黑咖啡

苏子叶很有嚼劲！

香煎苏子叶银鱼饼

材料

燕麦片……40 g

水……60 ml

小银鱼……10 g

苏子叶……2片

橄榄油……少量

柚子醋……2小勺

制作方法

❶ 在碗中加入燕麦片、水、小银鱼、苏子叶碎末,搅拌均匀后分为两等份。

❷ 在平底锅中薄薄地涂上一层橄榄油,再分两次放入❶中的食材,摊成圆形,两个饼一起煎。

❸ 煎至微焦后,改中火加热3~4分钟。

❹ 加入柚子醋,即可享用。

爽脆的口感正是魅力所在

　　用平底锅煎苏子叶银鱼饼时,加热至正反面微焦,吃起来就会口感爽脆、有嚼劲。苏子叶的香味搭配银鱼的咸味,不需要另外调味就很可口。

75

Lunch

饭团

糙米饭团

糙米或大麦

蔬菜汁

要选择纯蔬菜汁！

YASAI JUICE

沙拉鸡胸肉

手撕　CHICKEN

手撕鸡胸肉更方便！

加餐

Snack

无添加豆奶

天然豆奶

便利店食品真的不健康吗？

很多人对便利店售卖的食品印象并不好，认为加了很多对身体有害的添加剂。但事实上，如今的便利店以冷链运输为主，我认为吃便利店食品比在普通餐饮小店吃饭更健康！

手撕沙拉鸡胸肉非常适合办公室白领！

第4天 晚餐
Dinner

西蓝花芽

豆腐(1/2块)
(加芥末)

非常简单的食谱
却能让人吃上瘾！

青花鱼海苔卷

材料

水浸青花鱼罐头……100 g

大葱……15 g

柴鱼片……1 g

柠檬汁……1小勺（5 ml）

西蓝花芽……10 g

海苔……1片

制作方法

❶ 大葱切碎。

❷ 在碗中放入青花鱼、大葱、柴鱼片、柠檬汁和西蓝花芽，搅拌均匀。

❸ 将海苔分成四等份，分别加入❷中的食材并卷好。

只是用海苔卷了一下，味道却如此令人着迷

　青花鱼混合大葱碎末、柴鱼片，然后用海苔卷起来，非常简单的食谱，却能让人吃上瘾！也推荐大家和配菜西蓝花芽一起卷着吃。

晚餐实行"减盐饮食"，
避免次日清晨水肿，
让面部皮肤更清爽

"7天减肥计划B"引导我们严格控制晚餐的盐分摄入量。

这份坚持带给我们的是面部消肿、肌肤有光泽。

脸对于塑造第一印象至关重要。当我们的脸变得清爽后，

每天早起化妆时的心情会变好，

减肥的过程也会变得愉快。

怎么感觉脸上的皮肤变清爽了？

Breakfast

蛋白粉

猕猴桃

黑咖啡

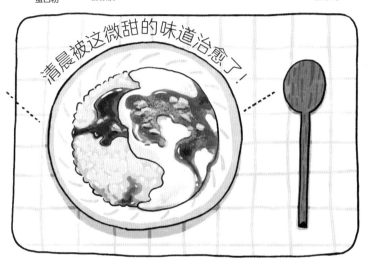

清晨被这微甜的味道治愈了!

枫糖黄豆粉酸奶

材料

燕麦片……40 g

水……120 ml

酸奶……100 g

黄豆粉……1小勺

枫糖浆……1小勺

肉桂……依个人喜好添加

制作方法

❶ 在耐热器皿中加入燕麦片、水,再放入微波炉加热1分钟。

❷ 将酸奶、黄豆粉、枫糖浆、肉桂加到❶上。

选择富含双歧杆菌的酸奶

本食谱用酸奶代替纳豆和泡菜,可以调节肠道环境。选择富含双歧杆菌的酸奶,能够增加肠道内益生菌的数量,具有提高免疫力的功效。黄豆粉富含膳食纤维,能够缓解便秘。

79

Lunch

饭团

红鲑鱼

鲑鱼口味

蔬菜汁

要选择纯蔬菜汁！

YASAI JUICE

沙拉鸡胸肉

沙拉鸡胸肉

柠檬口味

加餐

Snack

无添加豆奶

天然豆奶

减肥后反弹和不反弹的人，区别在哪里？

　　我认为是否反弹，很大一部分原因在于压力。有时候，节食减肥虽然能达到降体重的目标，但与此同时积攒的相当部分的压力也会转化成过盛的食欲，从而造成反弹。7天减肥计划正常安排一日三餐，所以既不会有压力，也不会反弹，自然就能让大家瘦下来。

第5天 晚餐

Dinner

西蓝花芽

豆腐(1/2块)
（加苏子叶）

非常满足！

零糖面条，零罪恶感！

青花鱼番茄拌面

材料

水浸青花鱼罐头……100 g

零糖面条……1包

番茄……40 g

洋葱……10 g

黄瓜……20 g

豆芽……20 g

黑醋……1大勺

青花鱼罐头汁……1大勺

黑胡椒粉……少量

制作方法

❶ 将黄瓜切成丝。把豆芽装进耐热容器中，喷上少量水，放入微波炉加热1分钟。

❷ 将零糖面条的水分控干，捞出来放进沥水篮中备用。

❸ 将洋葱切碎，番茄切成小块，连同黑醋、青花鱼罐头汁、黑胡椒粉一起搅拌，做成酱汁。

❹ 在盘子里装上❷中的面，再放上❶中的食材和青花鱼，最后将❸中的酱汁浇上去即可。

超满足！浇头超多的拌面

　　这是用零糖面条制作的简易拌面。味道浓郁的黑醋和美味的番茄让面条变得爽口而不咸腻。黑胡椒粉可以去除青花鱼特有的腥味，让味道更醇厚。

81

畜禽肉类是优质蛋白质，
鱼类是优质脂肪的宝库

每天摄入的沙拉鸡胸肉为我们提供了优质蛋白质，

即使不进行肌肉训练，也能防止肌肉流失，打造易瘦体质。

每天吃的青花鱼为我们提供了优质脂肪，

即使是在减肥期间，头发和皮肤也不会失去光泽，

让我们美美地、健康地瘦下来。

鱼类是美丽健康之源！

畜禽肉类是肌肉之源！

Breakfast

蛋白粉　　菠萝　　纳豆　　黑咖啡

> 浓郁的生姜味扑鼻而来！

羊栖菜生姜拌燕麦饭

材料

燕麦片……40 g

水……100 ml

羊栖菜(干)……1 g

生姜……2 g

面露汁……1.5小勺

柴鱼片……依个人喜好添加

制作方法

❶ 将生姜切成丝。

❷ 在耐热容器中放入羊栖菜,加水至刚好没过羊栖菜,盖上保鲜膜(不需要太严实),放进微波炉加热2分钟。加热后将羊栖菜捞出放入沥水篮中沥干。

❸ 在耐热容器中放入燕麦片、水、生姜丝、面露汁和处理好的羊栖菜,搅拌均匀,放进微波炉加热1分钟。取出来,充分搅拌一遍,再放进微波炉加热30秒。

❹ 装进碗中,撒上柴鱼片。

营养丰富的羊栖菜是女性的好伙伴

　　这份食谱用到了营养丰富的羊栖菜。羊栖菜能让女性美美地瘦下来。干燥的羊栖菜通过微波炉加热可以迅速吸水膨胀！吃的时候可以把燕麦片当成是米饭,一碗日式拌饭就诞生了。

Lunch

饭团

柴鱼片

柴鱼口味

蔬菜汁

要选择纯蔬菜汁！

YASAI JUICE

沙拉鸡胸肉

沙拉鸡胸肉

紫苏梅子酱口味，
清爽可口！

加餐

Snack

无添加豆奶

天然豆奶

减肥期间，鸡胸肉是肉类食物的最佳之选！

减肥期间选择肉类食物的要点是高蛋白质、低脂肪、低热量。具体来说就是推荐大家选择鸡胸肉。7天减肥计划中出场次数最多的肉类也是鸡胸肉。需要用肉末的时候，请尽量选择去掉筋膜的鸡胸肉。

鸡胸肉不管做成什么味道都很好吃，我也每天都在吃，百吃不厌！

Dinner

豆腐（1/2块）
（加大葱葱丝）

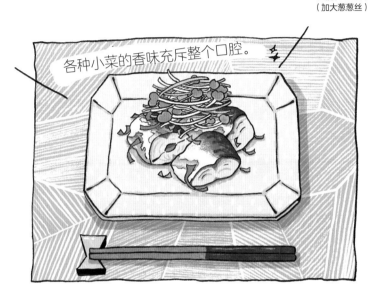

各种小菜的香味充斥整个口腔。

爽口小菜配青花鱼

材料

水浸青花鱼罐头……100 g

生姜……4 g

苏子叶……2片

西蓝花芽……10 g

柴鱼片……1 g

柠檬汁……2小勺

制作方法

❶ 将生姜、苏子叶切丝，将西蓝花芽根部切除。

❷ 将青花鱼切分成方便食用的大小，装入盘中，撒上❶
中食材、柴鱼片，浇上柠檬汁即可。

小菜充足，清爽可口

　　本食谱只需将带香味的小菜切好撒在青花鱼上，浇上柠檬汁，便能做出爽口的菜肴。水浸青
花鱼罐头咸度适中，和小菜十分相配！如果觉得不够吃，可以多放点西蓝花芽增加食物分量。

看起来寡淡的豆腐，
其实是既美味又多变的
高蛋白质食物

每天晚上的豆腐，

可以用低盐调料或小菜进行调味。

柠檬汁、生姜、秋葵、大葱、柴鱼片、

莎莎酱等，很多都是平时想不到的调料。

大家可以尽情享受找寻自己最喜欢的豆腐吃法的过程！

今天要不然
就用这种调料吧！

※"计划B"中如果选择
柚子胡椒或梅干酱作为
豆腐的配料，注意要少
放一些，因为这两种酱
料里含盐，稍微加一点
就能满足调味需求。

第7天 早餐

Breakfast

蛋白粉　　猕猴桃　　纳豆　　黑咖啡

蘑菇的甜味充盈整个口腔！♪

燕麦蘑菇味噌杂烩粥

材料

燕麦片……40 g

水……220 ml

蟹味菇……20 g

香菇……1朵

味噌……2小勺

小葱……依个人喜好添加

七味粉……依个人喜好添加

制作方法

❶ 将蟹味菇、香菇的根部去掉。蟹味菇撕成小朵，香菇切成薄片。

❷ 在锅中加入水和❶中的食材，中火加热。

❸ 蟹味菇、香菇煮软后，将味噌融进汤中，并加入燕麦片。中火加热，加热过程中时不时地搅拌混合，直至汤汁变得黏稠。

❹ 将煮好的食物倒入碗中，撒上小葱、七味粉。

将蟹味菇和香菇的甜味煮出来

决定味道好坏的关键步骤在于刚开始的时候，将蟹味菇和香菇放进水里加热，煮出菌菇类食材特有的甜味。然后将它作为汤底，加入味噌，使汤的味道更浓。喜欢吃纳豆的朋友可以把纳豆也搅拌进去食用。

87

Lunch

饭团

鸡肉什锦

鸡肉什锦
推荐！ ♥

蔬菜汁

要选择纯蔬菜汁！

YASAI JUICE

沙拉鸡胸肉

沙拉鸡胸肉

蒜香黑胡椒

蒜香黑胡椒风味

加餐

Snack

无添加豆奶

天然豆奶

通过吃纳豆来调理肠道环境，提高免疫力！

"计划A"和"计划B"都有纳豆的倩影。纳豆是发酵食品，能够在减肥期间帮助我们调整容易失衡的肠道环境。另外，纳豆还含有益于女性健康的大豆异黄酮，因此我强烈推荐！

Dinner

西蓝花芽

豆腐（1/2块）
（加柴鱼片）

多么美妙的蒜香味！

蒜香西蓝花灰树花炒青花鱼

材料

水浸青花鱼罐头……100 g

西蓝花……30 g

灰树花……30 g

大蒜……2 g

橄榄油……少量

制作方法

❶ 将西蓝花切成小朵，装进耐热容器，浇上少许水，盖上保鲜膜（不需要太严实），放进微波炉加热30秒。

❷ 将大蒜切成薄片，灰树花撕成小朵。

❸ 在平底锅上薄薄地涂一层橄榄油，加入❶和❷中的食材，中火加热，慢慢煎至食材微焦。

❹ 将青花鱼加入❸中弄碎，和其他食材一起翻炒。

西蓝花和灰树花要慢慢煎

　　用平底锅煎西蓝花和灰树花的时候，不要过于频繁地翻动食材，慢慢煎至微焦是关键，甜味会更浓郁！加一点西蓝花芽一起吃也是不错的选择。

7天减肥计划 B

饮食小贴士

第1天

◎ 第一次吃燕麦片的朋友只需放入适量拌饭料或速食汤料，就能享受到各种口味。

◎ 午餐饭团可以在鲑鱼、柴鱼、鸡肉什锦、大麦（糙米）4种口味中选一种。

◎ 番茄富含多种维生素和矿物质，苹果酸和柠檬酸等有机酸还有增加胃液酸度、帮助消化、调整胃肠功能的作用。

第2天

● 建议选择方便易煮、口感劲道的全粒燕麦片。燕麦片含有丰富的膳食纤维，可刺激肠道，促进排便。

● 一定要选择无添加的纯蔬菜汁。也可以选择自制蔬菜汁，比如番茄汁、黄瓜汁、芹菜汁、胡萝卜汁。

● 西蓝花芽是西蓝花的幼苗。如果不方便购买，也可以用萝卜苗、豆苗等代替。

第3天

● 有些泡菜其实不属于发酵食品，买的时候注意仔细确认一下商品说明！

● 蔬菜汁容易给人造成缺乏营养的印象。事实上，喝蔬菜汁比吃蔬菜更能吸收营养。

● 将鱼肉罐头再加工，可以让减肥食谱多样化。杏鲍菇等菌菇类食材是非常不错的配菜。既能丰富口感，又能增强饱腹感。

第4天

- 将燕麦做成燕麦饼，创意十足，做起来也很方便。吃起来很有嚼劲，和纳豆也很搭。

- 便利店的食品往往重量相当、热量固定，且一定都会标注热量、营养成分，因此更便于掌握分量，很适合减肥人士。

- 做青花鱼海苔卷时可以用西蓝花芽代替米饭。将食材卷起来，口感很清爽。豆腐配芥末也非常可口！

第5天

- 即便是稍微严苛的"计划B"，也安排了带甜味的燕麦食谱。因为燕麦不仅烹饪简单，还能抑制血糖上升，防止暴饮暴食。

- 饭团+蔬菜汁+沙拉鸡胸肉的组合，不但营养均衡，而且减肥效果显著，大家一定要继续坚持！

- 面条爱好者可以选择零糖面条或者低糖面条。荞麦面、魔芋丝等都是不错的选择。

第6天

- 在燕麦片中加入羊栖菜和生姜。生姜具有特殊的辣味和香味，可调味添香，是生活中不可缺少的调配菜，吃生姜还可以暖身。

- 加餐在下午4点左右吃。一点一点地摄取食物，这样血糖值会上升得比较慢，摄入的营养主要作为能量被人体消耗掉，不易转化为体脂肪。

- 调料要选择低盐、低热量的。晚餐要清淡些，避免口渴喝太多水，导致水肿。

第7天

- 解锁燕麦新吃法！杂烩粥中有蘑菇淡淡的甜味，非常适合早餐食用。

- 为防止沙拉鸡胸肉吃腻，每天可选择不同的口味，也可以去不同的便利店购买。

- 7天减肥计划最后一天的午餐和晚餐都要用到大蒜，食谱为青花鱼菜肴。蒜香融合西蓝花和灰树花的甜味，风味十足。

体验

7天减肥
计划
B

挑战者
心声

产后身材走形，体重暴增……想恢复苗条身材！

产后体重一路飙升，10年内胖了很多，不止身材，还开始担心健康方面的问题。因此，"这是最后的机会了，绝对要找回苗条的身材！"抱着这样的决心我开始了"7天减肥计划B"的挑战。

实行计划期间，我第一次尝试吃燕麦片，吃的时候把它当成米饭，和纳豆搭配起来吃很合适。午餐的沙拉鸡胸肉和晚餐的青花鱼罐头，一次性多买一些，非常方便。晚餐我会给家人做饭，给儿子做他喜欢的咖喱等，我自己则按照"计划B"的食谱吃。从考虑吃什么的压力中解放出来，我感到十分欣喜。

第1天

第一次吃燕麦片
味道比想象中的好，而且饱腹感很强。

挑战者
编辑 A女士
（35岁）

产后体重一路飙升，觉得再这样下去不是办法，于是便下定决心开始减肥！

第2天

开始头疼，
有点担心
是饮食方式改变后导致身体出现不良反应了吗？

第3天

好像外形开始发生
变化了
家人说我的肚子
变小了！

第4天

青花鱼海苔卷味道
真不错
非常简单的食材，却
能让人吃得过瘾。

94

真想再次实行 "计划B"

第3天的时候，家人问我"你肚子是不是变小了？"第4天，我有余力自己安排7天减肥计划的食谱了。1周后，发现平时穿的内裤变松了！我还想再实行1周。

第7天

我可能已经迈出了变美的第一步
内裤变松了，切切实实地感受到了身体的变化。

第6天

以前是不是总是吃太多了
吃的饭菜量比以前少了，却不感到饿。

第5天

开始适应这套食谱体系，并尝试自己搭配
开始有余力津津有味地研究起加什么配料。

一直发愁的小肚子终于小下去了！

减肥我是认真的！我选择挑战一定能出效果的『计划B』。

干劲十足！

早餐好丰富，从燕麦片到蛋白粉、猕猴桃，还有纳豆！

吃这么多真的不要紧吗？好满足！

午餐我把鸡胸肉切成块，然后放上西蓝花……

还加了西蓝花芽！

晚餐就是各种方式烹调的青花鱼罐头！

这些食谱都好像咖啡店的简餐，忍不住发到社交平台！

哇！平时穿的裤子变松了！

得到了家人的夸奖，还想实行1周7天减肥计划B！

你瘦了！

1 为期7天的挑战

7天中，只需照着书中的食谱吃饭，
体重、腰围以及身体状态等均发生了令人欣喜的变化！

体验了"7天减肥法"的读者们的真实反馈

Case 1

轻松有趣，7天就瘦

尝试了适合意志力薄弱、没时间人士的"计划A"。虽说是减肥食谱，但早餐超级丰盛，中午还可以吃到大福，让人特别有干劲！完成7天计划后，成功减重1.3 kg！身体也轻盈多了！

小N　年龄**30**+　体重**52.2** kg→**50.9** kg

Case 2

偏头痛有所缓解，每天早晨醒来神清气爽

完成"计划A"，成功减重1.6 kg。超出预期，让我十分惊喜，"有专家指导确实不一样。"不知不觉间，偏头痛也不再发作，感到久违的神清气爽。打算继续尝试一部分"计划B"的食谱，希望能够轻松坚持，长期实践。

Nonnon　年龄**40**+　体重**57.8** kg→**56.2** kg

Case 3

浮肿消失，皮肤变通透了

完成7天减肥"计划B"，成功减重2.6 kg，体脂率下降3%！浮肿消失，脸部和身体的线条都变得更利落了。最让人高兴的是皮肤变通透了！相比过去盲目地吃减肥餐，这次的饮食计划非常健康。今后也会继续实践。

Monnu　年龄**30**+　体重**71.3** kg→**68.7** kg

Case 4

暴饮暴食的念头消失不见

我实践了"计划B"，第2天就已成功减重1.6 kg。我深深地体会到原来自己过去浮肿如此严重。尝试"计划B"后的另一个发现是，原来自己完全可以接受食材原本的味道。吃东西时开始一口一口细嚼慢咽，充分品尝。7天后，成功减重3.4 kg，体脂率下降2.6%，暴食冲动消失，腰也瘦了一圈！

Nekomone　年龄**30**+　体重**57.7** kg→**54.3** kg

7天减肥法专栏 ❷

对饮食减肥没信心的朋友……
可以巧妙借助保健品的力量

虽然在实行"7天减肥计划",但早上没什么食欲,吃不下东西,青花鱼罐头食谱也每天都在坚持,但慢慢地就吃腻了,开始剩菜了……当你对饮食减肥的效果没信心时,不妨借助保健品的力量。具体而言,就是在吃早中晚餐的时候,可以同时服用复合维生素等保健品。

挑战"7天减肥计划A"的朋友,可以在早餐中加入蛋白粉。蛋白粉分很多种,但"7天减肥计划"不指定种类,因为不论选择哪一种在效果上其实没有太大差异。我比较推荐黑蜜黄豆粉口味。最近市面上有很多口味的蛋白粉在售,大家选择自己喜欢的产品即可。

另外,决心要在1周内改变体型的"7天减肥计划B"的挑战者们要注意,一旦饮食不规律也会影响最终效果。突击减肥的朋友,也可以在用餐的时候服用复合维生素等保健品。

7天减肥计划

一周食谱

	第1天	第2天	第3天
早餐	●大麦饭 ●纳豆 ●煎蛋 ●猕猴桃	●大麦饭(加鲑鱼碎) ●泡菜 ●厚蛋烧(加香葱) ●草莓	●大麦饭 ●纳豆 ●无油炒蛋 ●香蕉
午餐	●饭团(鳕鱼子口味) ●炸鸡柳 ●酸奶	●火腿三明治 ●浓缩酸奶 ●铜锣烧	●卷寿司 (香葱金枪鱼口味) ●烤鸡肉串或烤鸡肉丸子 ●酸奶
晚餐	●味噌青花鱼罐头 (加黄瓜丝&生洋葱丝) ●豆腐(1/2块) (加柴鱼片)	●烤鲑鱼 (加微波炉加热过的豆芽&番茄) ●豆腐(1/2块) (加生姜泥)	●水浸秋刀鱼罐头 (加卷心菜丝&番茄) ●豆腐素面 (加酱汁&大葱葱花)

适合曾多次减肥却屡屡受挫的人

在减肥期间希望零压力用餐的人，寻求能在繁忙日常生活中轻松实践的减肥法的人，适合从"计划C"入手。这套饮食计划不仅适用于初次尝试减肥的人，在节食减肥方面有过痛苦经历的人或长期减肥的人也推荐从"计划C"开始尝试。

第4天

早餐
- 大麦饭
- 多乳酸菌型酸奶
- 欧姆蛋
- 菠萝

午餐
- 墨西哥卷饼（火腿＆奶酪）
- 蛋白质饮料
- 大福

晚餐
- 醋腌青花鱼（配黄瓜丝）
- 豆腐(1/2块)（豆腐汤）

第5天

早餐
- 大麦饭(加鲑鱼碎)
- 纳豆
- 火腿蛋
- 猕猴桃

午餐
- 豆皮寿司
- 烤鸡肉串(鸡腿肉)
- 酸奶

晚餐
- 水浸青花鱼罐头（加微波炉加热过的西蓝花＆豆芽）
- 豆腐(1/2块)（加日式梅干）

第6天

早餐
- 大麦饭
- 多乳酸菌型酸奶
- 煎蛋
- 草莓

午餐
- 热狗面包或三明治
- 天然豆奶
- 糯米团子

晚餐
- 红烧沙丁鱼罐头（加卷心菜丝）
- 豆腐(1/2块)（豆腐汤）

第7天

早餐
- 大麦饭
- 纳豆
- 厚蛋烧(加苏子叶)
- 香蕉

午餐
- 饭团
- 沙拉鸡胸肉(原味)
- 酸奶

晚餐
- 三文鱼生鱼片（加生洋葱丝＆微波炉加热过的西蓝花）
- 豆腐(1/2块)（加柚子胡椒）

Breakfast

纳豆

喜欢的水果

猕猴桃(1~2个)

煎蛋2个

大麦饭

△▽△▽△▽△▽△▽△▽△▽△▽△▽△▽△▽△▽△

用2个鸡蛋做喜欢的
鸡蛋料理吧

  "7天减肥法计划A"早餐中的基础搭配是2个煎蛋。进阶版中,只要是2个鸡蛋做的料理都可以,可以选择自己喜欢的烹饪方式。想加入一些变化的话,还可以选择用2个鸡蛋做成厚蛋烧、欧姆蛋等。

这里是重点!

7天减肥法

小知识

第1天 午餐

Lunch

饭团

鳕鱼子

超级美味!

炸鸡柳

鸡柳真美味!

酸奶

水果酸奶

FRUITS YOGURT

果粒酸奶都可以

原味、芦荟味、

△▽△▽△▽△▽△▽△▽△▽△▽△▽△▽△▽△▽△

油炸小食
只要食材健康就可以

　　一般来说,减肥中应避免摄入油炸食品。不过,7天减肥法会在早餐与午餐时摄入一定的热量,可以吃高蛋白质低脂肪的鸡柳、鸡腿肉做成的油炸小食! 需要避免摄入的食品有炸薯饼、炸蔬菜饼和炸猪排等。

不错哟!

7天减肥法

小知识

101

Dinner

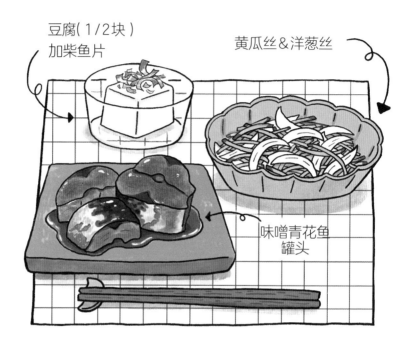

豆腐(1/2块)
加柴鱼片

黄瓜丝&洋葱丝

味噌青花鱼
罐头

△▽△▽△▽△▽△▽△▽△▽△▽△▽△▽△▽△▽△

青背鱼罐头的选购诀窍

　　口味方面,水浸、味噌、酱油味等都没问题,可以任意选择。分量方面,请查看罐身。推荐选择标有内容物总量在100~150 g,或固体内容物为70~100 g的罐头。

这里是重点!

7天减肥法
小知识

第2天 早餐
Breakfast

泡菜　　草莓　　可以吃 10~15颗

鲑鱼碎

2个鸡蛋做的厚蛋烧

大麦饭

加香葱

▲▽▲▽▲▽▲▽▲▽▲▽▲▽▲▽▲▽▲▽▲

早餐选择泡菜做配菜，
一定要为米饭加点料

　　不喜欢吃纳豆或感到吃腻而在早餐选择泡菜时，请在大麦饭上撒入一些鲑鱼碎一起吃吧。推荐添加2大勺。通过简单的加料，就能补足原本希望通过纳豆摄入的营养成分。

不错哟！

7天减肥法
小知识

103

Lunch

火腿三明治

经典口味

酸奶

浓缩酸奶

浓缩 YOGURT

铜锣烧

外皮松软，真好吃!

△ ▽ △ ▽ △ ▽ △ ▽ △ ▽ △ ▽ △ ▽ △ ▽ △ ▽ △ ▽ △ ▽ △ ▽ △

从三明治到墨西哥卷饼、可颂三明治都可以

　　"三明治组合"的午餐不仅可以选择经典的三角三明治，还可从墨西哥卷饼、可颂三明治、热狗面包中任选1个自己想吃的。不要买夹馅为油炸食品的三明治或水果三明治。

这里是重点!

7天减肥法

小知识

104

第2天 晚餐

Dinner

今天想吃生姜口味的

豆腐（1/2块）

微波炉加热过的豆芽和番茄

烤鲑鱼（选择微波炉加热后即可食用的即食鲑鱼）

▲▽▲▽▲▽▲▽▲▽▲▽▲▽▲▽▲▽▲▽▲▽▲▽▲

主菜的鱼除了罐头，
还安排了烤鱼和生鱼片

　　"7天减肥计划A"的晚餐主要吃青背鱼的罐头，进阶版中加入了烤鱼和生鱼片的选项！可自由搭配微波炉加热即食的烤鱼或开袋即食的醋腌青花鱼等，避免吃腻。

不错哟！

7天减肥法
小知识

Breakfast

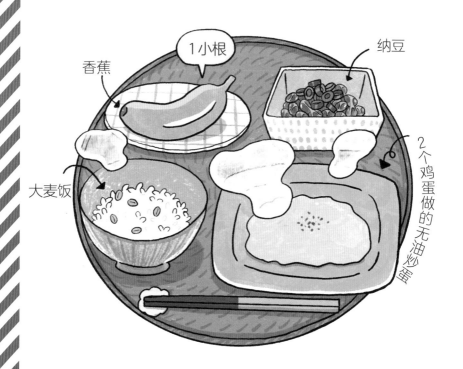

香蕉

1小根

纳豆

大麦饭

2个鸡蛋做的无油炒蛋

▲▽▲▽▲▽▲▽▲▽▲▽▲▽▲▽▲▽▲▽▲▽▲

鸡蛋料理,不论怎么烹饪都好吃

　　都说鸡蛋做成半熟的吸收率最高。其实,半熟蛋与水煮蛋或煎蛋相比,吸收率几乎没有差别。请按照自己当下最想吃的做法烹饪并享用吧。

这里是重点!

7天减肥法
小知识

Lunch

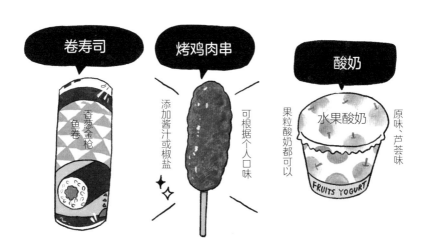

卷寿司

香葱金枪鱼卷

烤鸡肉串

添加酱汁或椒盐

可根据个人口味

酸奶

果粒酸奶都可以

水果酸奶

原味、芦荟味

FRUITS YOGURT

△▽△▽△▽△▽△▽△▽△▽△▽△▽△▽△▽△▽△

自由选择午餐的饭团组合

　　7天减肥法的午餐，不论吃饭团、卷寿司还是豆皮寿司，减肥效果都差不多。选自己喜欢的就好！

不错哟！

7天减肥法

小知识

107

Dinner

卷心菜丝和番茄

加大葱葱花

豆腐素面

水浸秋刀
鱼罐头

▲ ▽ ▲ ▽ ▲ ▽ ▲ ▽ ▲ ▽ ▲ ▽ ▲ ▽ ▲ ▽ ▲ ▽ ▲ ▽ ▲ ▽ ▲ ▽ ▲

豆腐可用豆腐素面代替

　　每晚必吃的"豆腐(1/2块)"可以替换成
"豆腐素面(1盒)"。口感发生改变,晚餐也有
了新鲜感。"计划C"中,豆腐素面可以淋上调
味汁享用。

这里是重点!

7天减肥法

小知识

108

Breakfast

多乳酸菌型酸奶

乳酸菌 酸奶

乳酸菌 酸奶

菠萝

2个鸡蛋做的欧姆蛋

大麦饭

▲ ▽ ▲ ▽ ▲ ▽ ▲ ▽ ▲ ▽ ▲ ▽ ▲ ▽ ▲ ▽ ▲ ▽ ▲ ▽ ▲

水果可以选择冷冻的或
罐头水果

大众往往认为水果必须吃新鲜的，不然没有营养。其实，冷冻水果、罐头水果与新鲜水果在营养价值方面差异并不大。不过，罐头里的糖水含有大量白砂糖，最好沥干糖水再吃哟！

不错哟！

7天减肥法

小知识

109

Lunch

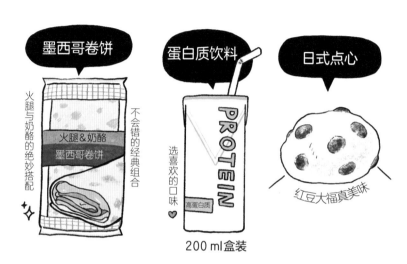

墨西哥卷饼

火腿与奶酪的绝妙搭配

不会错的经典组合

火腿&奶酪
墨西哥卷饼

蛋白质饮料

选喜欢的口味 ♥

PROTEIN
高蛋白质

200 ml盒装

日式点心

红豆大福真美味

▲▽▲▽▲▽▲▽▲▽▲▽▲▽▲▽▲▽▲▽▲

如何正确选购日式点心

　　减肥中也能吃点甜食是7天减肥法的特色！日式点心基本可以任意选择。不过，大量使用鲜奶油和黄油的甜点与传统日式点心完全不同，应避免摄入。

这里是重点！

7天减肥法

小知识

Dinner

黄瓜丝

豆腐(1/2块)
与豆芽一起
煮成豆腐汤

醋腌青花鱼

搭配生姜和
柴鱼片调味

市售的或
生鱼片都
可以!

▲▽▲▽▲▽▲▽▲▽▲▽▲▽▲▽▲▽▲▽▲▽▲

生鱼片吃7~8片(70~80 g) 为宜

　　除了醋腌青花鱼,还可以吃生鱼片,普通
大小的可以吃7~8片,切块较大的吃5片为
宜。如此一来,就可以充分摄入所需的营养。
另外,青背鱼的生鱼片氧化较快,请趁新鲜
尽快享用。

不错哟!

7天减肥法

小知识

Breakfast

可以吃1~2个
猕猴桃

\ 纳豆 /

鲑鱼碎

1个鸡蛋加2片
火腿做成的
火腿蛋

大麦饭

△▽△▽△▽△▽△▽△▽△▽△▽△▽△▽△▽△▽△

大麦饭可以换口味，
美味吃不厌

　　天天吃大麦饭感到厌倦，或觉得大麦饭
不如白米饭好吃。如果你也有这样的烦恼，
请搭配拌饭料一起吃吧！可以从鲑鱼碎、小
银鱼、鸡肉松中选自己喜欢的，撒1大勺在饭
上。如果用泡菜代替纳豆，请食用2大勺。

这里是重点！

7天减肥法

小知识

112

Lunch

豆皮寿司

豆皮寿司

米饭吸饱了炸豆皮的卤汁
太美味啦

烤鸡肉串

鲜嫩多汁

鸡腿肉串

酸奶

水果酸奶

果粒酸奶都可以

原味、芦荟味、

FRUITS YOGURT

▲▽▲▽▲▽▲▽▲▽▲▽▲▽▲▽▲▽▲▽▲▽▲▽▲

烤鸡肉串要选小份还是大份

　　无须运动就能瘦身的7天减肥法中,确保蛋白质的摄入十分重要。与其蛋白质摄入不足,稍稍多摄入一些反而能对减肥产生更切实的效果。不知如何选择烤肉串的分量时就选大份的吧。

不错哟!

7天减肥法

小知识

Dinner

豆腐(1/2块)加日式梅干

微波炉加热过的西蓝花和豆芽

水浸青花鱼罐头

△▽△▽△▽△▽△▽△▽△▽△▽△▽△▽△▽△▽△

西蓝花的功效
数不胜数

　　西蓝花不仅热量低，营养价值在蔬菜中也是名列前茅。不仅如此，西蓝花具有一定的硬度，能增加咀嚼次数，提高饱腹感。和卷心菜、豆芽一样，是增加饱腹感的重要食材！

这里是重点！

7天减肥法

小知识

Breakfast

多乳酸菌型酸奶

可以吃10~15颗
草莓

大麦饭

煎蛋2个

△▽△▽△▽△▽△▽△▽△▽△▽△▽△▽△▽△▽△

想吃甜食时，
就吃草莓吧

　　减肥期间想吃甜食，不妨期待一下早餐的草莓吧！草莓在水果中甜度高、热量低。建议在早餐时间好好品味草莓，每餐10~15颗为宜。

不错哟！

7天减肥法
小知识

Lunch

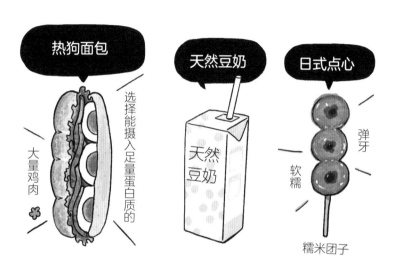

热狗面包

选择能摄入足量蛋白质的

大量鸡肉

天然豆奶

天然豆奶

日式点心

弹牙

软糯

糯米团子

△▽△▽△▽△▽△▽△▽△▽△▽△▽△▽

热狗面包和三明治的
选购诀窍

通常选任意一款热狗面包或三明治都可以，不过偶尔也需要特别注意。夹馅中有肉、蛋、火腿都没问题，但不能选那些夹着炸薯饼或炒面的热狗面包或三明治。

这里是重点！

7天减肥法

小知识

116

第6天 晚餐

Dinner

满满的卷心菜丝

红烧沙丁鱼罐头

豆腐（1/2块）与白芝一起煮成豆腐汤

搭配生姜和柴鱼片调味

△ ▽ △ ▽ △ ▽ △ ▽ △ ▽ △ ▽ △ ▽ △ ▽ △ ▽ △ ▽ △ ▽ △

豆腐只在晚餐吃，变身超强减肥食材

豆腐本身并无太多优质的营养素。不过它几乎不含盐，又有丰富的钙，还能提供一定的蛋白质。因此，在晚餐吃豆腐，可以让它变成一款非常优秀的减肥食品。

不错哟！

7天减肥法

小知识

117

第7天 早餐

Breakfast

纳豆

1小根香蕉

大麦饭

2个鸡蛋做成的厚蛋烧

加入苏子叶

△▽△▽△▽△▽△▽△▽△▽△▽△▽△▽△▽△

最后一天吃香蕉，加强瘦脸效果

许多读者在进行到第7天时，外表已经发生了一定的改变。这时再接再厉，早餐吃1根香蕉！香蕉富含钾，能进一步强化瘦身、瘦脸的效果。

这里是重点！

7天减肥法

小知识

Lunch

饭团

鲑鱼子

奢侈一点，选了鲑鱼子口味

沙拉鸡胸肉

沙拉
鸡胸肉

原味

酸奶

水果酸奶

FRUITS YOGURT

果粒酸奶都可以

原味、芦荟味、

▽△▽△▽△▽△▽△▽△▽△▽△▽△▽△▽△▽△▽△▽△

不知吃什么样的鸡肉好，就直接选沙拉鸡胸肉吧

　　"饭团组合"的午餐配上鸡肉。如果不知道吃什么好，就选沙拉鸡胸肉吧！

不错哟！

7天减肥法

小知识

第7天 晚餐

Dinner

生洋葱丝

微波炉加热过的
西蓝花

豆腐(1/2块)
加柚子胡椒

三文鱼生鱼片

△▽△▽△▽△▽△▽△▽△▽△▽△▽△▽△▽△▽

其实生鱼片是非常优秀的
减肥食材

都说减肥不知该吃什么时就吃海鲜,可
见海鲜类的减肥效果非同一般。而且生鱼
片未经加热,食物本身的营养没有丝毫流失,
非常推荐。

这里是重点!

7天减肥法

小知识

7天减肥计划

饮食小贴士

第1天

- 你也许会你也许会质疑，"一大早就吃这么多，真的没问题吗？"其实正因为吃得丰盛，才能减肥！请照着吃，完成7天的饮食计划吧！

- 减肥第1天就能吃上油炸小食，让人干劲十足！7天减肥法是综合统筹全天膳食的饮食管理项目，不论是食谱还是食材都很丰富！

- 午餐的配菜是鸡肉，晚餐的主菜则安排青背鱼或鲑鱼等鱼类。高效瘦身不可忽视的要点不仅在于吃什么，还在于何时吃。

第2天

- 自制厚蛋烧时可以加入喜欢的配料，不过要注意热量不要太高。推荐的配料有苏子叶、小银鱼和香葱。

- 7天减肥法对日式点心的态度不是"可以吃"，而是"必须吃"。请不要有任何负罪感，安心享受美味吧。

- 鲑鱼与青背鱼相比，优质脂肪的含量较少。不过鲑鱼含具有较强抗氧化作用的虾青素，是值得推荐的食材！

第3天

- 大麦富含可溶性膳食纤维，最适合用于调理肠道环境。在白米中加入适量的大麦能增强美容效果！

- "计划C"午餐的魅力在于全部食物都可以在便利店买到，非常方便。其实便利店出售的食物中，有不少都非常适合减肥呢！

- 100 g卷心菜热量只有84 kJ，为了提高饱腹感，完全可以放开肚子尽情享用。

第4天

- 7天减肥法的酸奶分为多乳酸菌型、浓缩酸奶、水果酸奶等多种！早上为了改善肠道环境，建议选择多乳酸菌型酸奶。

- 便利店的墨西哥卷饼，不论选哪一款都能摄入相当可观的蛋白质！是非常适合减肥的优秀主食。

- 醋腌青花鱼推荐购买真空包装的产品。开袋放置一段时间，会造成鱼肉中宝贵的优质脂肪流失。建议开袋后当天内吃完。

第5天

- 猕猴桃富含有助于减肥和美容的营养成分，如维生素C等。说它是瘦身水果一点都不为过。

- 烤鸡肉串推荐鸡腿肉、鸡肉丸子、鸡胸肉和鸡柳。口味上可以任选酱汁或盐味。

- 青花鱼的营养成分几乎都在鱼肉中。水浸罐头的汤汁可以直接倒掉！汤汁中过量的盐分令人在意，我也会全部倒掉哟。

第6天

- 用心吃早餐能帮助我们工作更有动力，还能提高代谢水平与减肥效果。别忘了，"吃了早餐才更容易瘦下来"！

- 日式团子花样繁多，有甜酱油、艾草、豆沙、三色团子等各种口味。不过，这些团子在营养价值上并无太大差异，选自己喜欢的就好！

- 吃调味青背鱼罐头时，可能会摄入过量的盐分。请用厨房纸吸去一些调味汁，去除部分盐分后再享用吧！

第7天

- 纳豆这类发酵食品只吃一次难以体验到身体的变化，长期坚持摄入才能逐步发挥效果。请一定要养成习惯坚持吃。

- 食谱的酸奶，可以选择自己喜欢的任意款酸奶哟！

- 三文鱼的脂肪含量较高，给人吃了会长胖的印象。其实，它所含的脂肪都是优质脂肪。为了健康地瘦下来，请一定要适量摄入！

夫妻一起挑战

7天减肥法是不论男女都能健康瘦下来的减肥法。
与家人一同挑战，干劲和效果翻倍！

体验过"7天减肥法"的读者们发来的反馈

Case 5

夫妻二人一起坚持7天减肥法

我和丈夫一起尝试"计划A"。7天里，我减重3 kg，体脂率下降2%，丈夫减重3.2 kg。原本在经期前体重会增加，我选择在这个时间段开始挑战，结果喜人！

之后也与丈夫一起，每月尝试1次"计划A"，坚持起来毫无压力。后续体重并无较大反弹，4个月后夫妻二人合计减掉了20 kg（我减重9 kg，丈夫减重11 kg），减肥成功！

不仅如此，以前丈夫尿酸偏高，开始实践7天减肥法的5个月后进行体检，结果尿酸值从546 μmol/L下降到了366 μmol/L（成年男性尿酸参考值一般为240~420 μmol/L）。原本偏高的甘油三酯和胆固醇值也都恢复到了标准值，让主治医师大吃一惊。今后我们也会每月一次，继续实践。

panda　年龄**40**+　体重**63.0** kg→**54.0** kg（约4个月）

Case 6

没有出现体重反弹

体检得知我们夫妻二人都是亚健康状态，于是下定决心尝试7天减肥法。我曾有过多次减肥失败的经历，丈夫则是第一次认真减肥。尝试了"计划A"后，我减重2.3 kg，丈夫减重2.8 kg，减肥成功。接下来我们打算继续挑战"计划B"！

Neko　年龄**40**+　体重**62.3** kg→**60.0** kg

7天减肥

计划

D

一周食谱

第1天

早餐
- 燕麦片咸粥或拌饭料调味燕麦片
- 蛋白粉
- 猕猴桃
- 纳豆
- 黑咖啡

午餐
- 饭团(梅干)或米饭
- 海带苏子叶鸡肉丸
- 蔬菜汁

加餐
- 浓缩酸奶

晚餐
- 干烧青花鱼麻婆豆腐

第2天

早餐
- 泡菜饼
- 蛋白粉
- 菠萝
- 黑咖啡

午餐
- 饭团(糙米或大麦)
- 沙拉鸡胸肉(原味)
- 蔬菜汁

加餐
- 天然豆奶

晚餐
- 温泉蛋牛油果核桃沙拉

第3天

早餐
- 枫糖海盐格兰诺拉风味燕麦片
- 蛋白粉
- 黑咖啡

午餐
- 海鲜杂烩饭
- 蔬菜汁

加餐
- 天然豆奶

晚餐
- 红烧青花鱼盖饭

适合即使时间不充裕
也想自制减肥餐的人

"虽然自己做饭有些麻烦，可还是想要在7天内有效减少体脂肪，消除浮肿！"对于渴望达到减肥效果的人，推荐选择"计划D"。相较于"计划C"，"计划D"中有更多"减龄美肤"的食谱，可以在短短7天里将自己的身体转变为易瘦体质。

第4天

早餐
- 海苔纳豆饼
- 蛋白粉
- 菠萝
- 黑咖啡

午餐
- 饭团（海苔）
- 沙拉鸡胸肉（香草口味）
- 蔬菜汁

加餐
- 浓缩酸奶

晚餐
- 青花鱼意式辣番茄面

第5天

早餐
- 和风茄汁烩饭
- 蛋白粉
- 猕猴桃
- 多乳酸菌型酸奶
- 黑咖啡

午餐
- 饭团（梅干）或米饭
- 香辣味噌鸡肉
- 蔬菜汁

加餐
- 天然豆奶

晚餐
- 微波炉版葡式腌鲑鱼
- 裙带菜热豆腐

第6天

早餐
- 苏子叶裙带菜拌燕麦片
- 蛋白粉
- 菠萝
- 纳豆
- 黑咖啡

午餐
- 饭团（糙米或大麦）
- 沙拉鸡胸肉（烟熏口味）
- 蔬菜汁

加餐
- 浓缩酸奶

晚餐
- 柚子醋白萝卜泥配菌菇炒青花鱼
- 豆腐拌西蓝花芽

第7天

早餐
- 咖喱燕麦片
- 蛋白粉
- 猕猴桃
- 纳豆
- 黑咖啡

午餐
- 饭团（盐味）或米饭
- 生姜茄汁金枪鱼
- 蔬菜汁

加餐
- 天然豆奶

晚餐
- 海苔盐烤青花鱼
- 西蓝花芽盐渍海带拌豆腐

Breakfast

燕麦片咸粥　或　拌饭料调味燕麦片

材料

燕麦片⋯⋯40 g

水⋯⋯100 ml

冻干汤料块⋯⋯1块

制作方法

❶ 将燕麦片与水加入耐热容器(让水完全浸润燕麦片),微波炉加热1分钟。

❷ 在❶中加入冻干汤料块,倒入热水(热水量请按照汤料包装上的要求),混合均匀即可。

材料

燕麦片⋯⋯40 g

水⋯⋯80 ml

拌饭料⋯⋯适量

制作方法

❶ 将燕麦片与水加入耐热容器(让水完全浸润燕麦片),微波炉加热1分钟。

❷ 撒入喜欢的拌饭料。

燕麦片的经典基础食谱

　　使用拌饭料和冻干汤料块的超简单食谱!如果觉得吃原味燕麦片有些难以下咽,不妨像这样加入一些喜欢的调味料,就能让燕麦片瞬间变身为一道美味的早餐主食!

128

Lunch

海带苏子叶鸡肉丸

海带与苏子叶

搭配鲜美的鸡肉,太棒了!

材料

鸡胸肉……100 g

苏子叶……2 片

盐渍海带……1 大勺

大葱……5 cm

A | 鸡精……1/2 小勺
| 水淀粉……1/2 小勺

橄榄油……少许

制作方法

① 将鸡胸肉去膜,先切成小块,再剁成颗粒较大的肉末。

② 将盐渍海带切末,苏子叶用手撕成小片,大葱切末,然后全部放入耐热容器,放入微波炉加热30秒。

③ 在大碗中加入①、②、A,混合均匀,分成三等份,捏成椭圆形。

④ 在平底锅内薄薄地刷一层橄榄油,用中火③煎3~4分钟,直至微微焦黄。翻面后加盖转小火,闷3分钟即可。

饭团

梅

经典口味!

蔬菜汁

蔬菜 JUICE

要选择纯蔬菜汁哟!

加餐

Snack

浓缩酸奶

浓缩! YOGURT

盐渍海带的鲜美搭配苏子叶的清香

　　盐渍海带的鲜美与苏子叶的清香令人食欲大增! 鸡胸肉不要切得太碎,切成有一定颗粒感的肉末是美味的关键。弹牙的口感令人愉悦。

Dinner

青花鱼

大蒜、生姜、大葱，还有豆腐

干烧青花鱼麻婆豆腐

一道菜品尝青花鱼、豆腐和彩椒

　　将"计划D"晚餐的基础食材水浸青花鱼罐头、豆腐、彩椒组合在一起的食谱。柔嫩的豆腐与爽脆的彩椒，不同口感的碰撞带来绝妙的平衡感！

材料

水浸青花鱼罐头……100 g
豆腐……1/2块
彩椒……1/4个
大葱……5 cm

A
大蒜(切末)……1/2小勺
生姜(切末)……1/2小勺
干辣椒圈……少许(依照个人口味添加)

B
黑醋……1大勺
酱油……1小勺
黄糖(或其他砂糖)……1/2小勺

芝麻油……少许

制作方法

❶ 将豆腐切成方块,用厨房纸包住,微波炉加热2分钟左右,去除水分。

❷ 将彩椒切成小丁,大葱切末。

❸ 在平底锅内薄薄地刷一层芝麻油,开小火加入A、大葱爆香。

❹ 转中火加入青花鱼,一边炒干水分一边捣碎。

❺ 转小火加入B,快速炒匀,后加入彩椒、豆腐,轻轻地翻拌均匀即可。

减盐但滋味十足

　　黑醋的醇美,大蒜、生姜和大葱的辛香,再点缀以干辣椒,让这道菜香味十足,盐分不多,味道却丰富而立体。最后放入彩椒以避免过度加热变软,享受爽脆口感。

彩椒可以选任意颜色的,
选自己喜欢的就好!

加油!

Breakfast

蛋白粉

PROTEIN
*可按喜爱口味选择

黑咖啡

菠萝
*冷冻水果也可以

用燕麦片做泡菜饼也
能成形哟！

芝麻油与泡菜
浓香扑鼻！

泡菜饼

材料

燕麦片……40 g

*推荐选择快熟燕麦片

韭菜……10 g

A ｜ 泡菜……50 g
　｜ 芝麻……1小勺
　｜ 水……80 ml

芝麻油……少许

制作方法

❶ 将韭菜切3~4 cm的小段

❷ 将燕麦片、A、❶加入耐热容器后充分混合，用微波炉加热1分半钟。

❸ 在平底锅内薄薄地刷一层芝麻油，倒入❷的面糊，修整成圆形。

❹ 开中火煎3~4分钟至微微焦黄，翻面继续煎2分钟左右。

❺ 切成适口大小即可。

外脆里糯，满足感大增

　　用平底锅煎制的诀窍是先将一面彻底煎熟上色。饼坯完全成形后，不仅更容易翻面，还能做出外层酥脆、内部软糯的口感。

Lunch

饭团

糙米饭团

香糯可口
大麦的也可以

沙拉鸡胸肉

沙拉
鸡胸肉

原味

蔬菜汁

蔬菜
JUICE

要选择纯蔬菜汁哟！

加餐

Snack

天然豆奶是补充蛋白质的优质食物。为了确保减肥效果，请选择原料只有大豆的天然豆奶。不同产品在减肥效果上的差异可能远超大家的想象。一定要注意成分哟！

天然豆奶

天然
豆奶

133

Dinner

温泉蛋牛油果核桃沙拉

希望换个口味，暂别青花鱼和豆腐

不喜欢青花鱼和豆腐，那不妨试一下这个食谱吧！如果晚餐安排这道沙拉，下午的加餐一定要选择天然豆奶。这样搭配就能补上想通过豆腐摄入的营养成分了。

材料

牛油果……1/2颗
核桃……10 g
鸡蛋……1个
水浸吞拿鱼罐头（无盐）……1罐
西蓝花……50 g
西蓝花芽……15~30 g
（根据个人喜好的量添加）

柠檬汁……1/2小勺
黄糖（或其他砂糖）……1/2小勺
盐……1g
黑胡椒粉……少许

A

制作方法

❶ 西蓝花分成小朵放入耐热容器,淋入1大勺水（未计入材料中）,盖上保鲜膜,放入微波炉加热1分钟。

❷ 牛油果切丁,核桃掰碎干煎。吞拿鱼罐头沥去汤汁。

❸ 鸡蛋打入马克杯中,用牙签在蛋黄上扎3~4个小孔。加入100 ml水（未计入材料中）,放入微波炉加热50秒（火候不够时,可每次追加10秒,直至蛋白变白）。

❹ 大碗中加入西蓝花芽、❶和❷,倒入❸的温泉蛋。淋入调味汁A,混合均匀即可。

·浓稠的温泉蛋带来醇厚风味·

浓稠的温泉蛋与调味汁一起,赋予蔬菜醇厚的风味!温泉蛋、牛油果、核桃、西蓝花带来丰富口感,菜品看起来五彩缤纷,让人元气倍增!

西蓝花芽越嚼越年轻,
"减龄"效果加倍!

加油!

Breakfast

蛋白粉

黑咖啡

PROTEIN

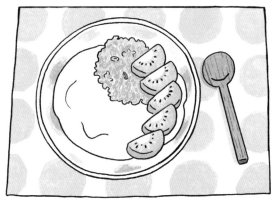

枫糖海盐格兰诺拉风味燕麦片

材料

燕麦片……40 g

*推荐使用传统燕麦片

水……60 ml

A ┃ 枫糖浆……1/2小勺
┃ 盐……1 g

多乳酸菌型酸奶……100 g

猕猴桃……1~2个

制作方法

❶ 将燕麦片、水放入耐热容器，稍稍拌匀，放入微波炉加热1分钟。

❷ 在❶中加入A，为了避免产生黏性，请使用翻拌的手法拌匀，并淋入酸奶。

❸ 点缀切成适口大小的猕猴桃即可。

甜甜咸咸，令人上瘾的味道

　　加热后的燕麦片过度搅拌会变得十分黏稠。制作这道早餐的要点在于稍作翻拌即可。加一点盐能更好地突显甜味！

Lunch

海鲜杂烩饭

大口吃海鲜吧!

材料

混合海鲜……100 g

水浸吞拿鱼罐头(无盐)……1罐

洋葱……30 g

A
- 橄榄油……1/2小勺
- 盐……少许
- 黑胡椒粉……少许

欧芹、罗勒……根据个人喜好添加

热米饭……100~150 g

制作方法

① 将混合海鲜解冻后用厨房纸吸干水分。洋葱切末,吞拿鱼罐头沥去汤汁。

② 将热米饭在耐热容器中铺开,加入A拌匀。在上面铺上①,盖上保鲜膜,放入微波炉加热3分钟。

③ 第1次加热后取出拌匀,再次盖上保鲜膜,再次放入微波炉加热2分钟。

④ 根据个人喜好撒入适量欧芹或罗勒。

蔬菜汁

要选择纯蔬菜汁哟!

加餐

Snack

天然豆奶

调味的要点是海鲜与洋葱带来的鲜甜

　　混合海鲜解冻后,请充分吸干水分。水分太多,烹调后米饭容易变得黏稠。也可以使用盒装即食米饭制作。

Dinner

青花鱼的香浓与西蓝花芽的爽口真是绝配!

红烧青花鱼盖饭

晚餐可以吃到盖浇饭

也许你会惊讶于用豆腐代替米饭? 其实尝试过后就会发现,
这么吃真的有吃盖浇饭的感觉! 绝对会让你吃了还想吃!

材料

水浸青花鱼罐头……100 g

A

酱油……1小勺

味醂……1小勺

料酒……1小勺

黄糖（或其他砂糖）……1/2小勺

豆腐（推荐使用北豆腐）……1/2块

西蓝花芽……15 g

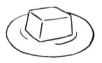

制作方法

❶ 将豆腐用厨房纸包好，放在盘子上，放入微波炉加热1分半~2分钟，去除水分。

❷ 将青花鱼用平底锅开中火充分翻炒，至整体微微焦黄。

❸ 转小火，在❷中淋入A煮2~3分钟，其间用汤匙舀起调味汁不断淋在食材上，直至调味汁浓稠发亮。

❹ 将❶盛入碗中，用汤匙稍稍捣碎，在上面撒上西蓝花芽后加入❸即可。

用豆腐代替米饭的健康盖浇饭

　　青花鱼炒至微微焦黄后香气与风味都更为突显，美味加倍。调味汁很容易糊锅，加入料汁后一定要转小火，并快速用汤匙将料汁淋在青花鱼上。

凉拌、热吃，代替意大利面、米饭，豆腐千变万化，可以开发更多创意吃法！

第4天 早餐

Breakfast

蛋白粉

黑咖啡

菠萝

海苔和纳豆非常搭配!

海苔纳豆饼

材料

燕麦片……40 g

*推荐使用快熟燕麦片

纳豆……1盒

A
| 海苔……1 g
| 盐……少许
| 水……70 ml

芝麻油……少许

制作方法

❶ 将燕麦片、A加入耐热容器,放入微波炉加热1分钟。

❷ 用汤匙将❶充分搅拌至产生黏性,分成二等份,修整成椭圆形。在平底锅内薄薄地刷一层芝麻油,煎至两面微微上色。

❸ 装盘,铺上与附赠的调味汁混合后的纳豆。

清香扑鼻的海苔与纳豆超级搭配

将燕麦片做成饼状,外观与味道焕然一新,是一道充满新鲜感的早餐。软糯弹牙,早餐来一份,令人心满意足。

第4天 午餐

Lunch

饭团

海苔

满满的大海味道 ☆

沙拉鸡胸肉

香草

沙拉鸡胸肉

香草味好清爽 ★

蔬菜汁

蔬菜 JUICE

要选择纯蔬菜汁哟！

加餐

Snack

　　浓缩酸奶热量低，蛋白质含量高。蛋白质是打造易瘦体质必不可少的物质，浓缩酸奶能高效摄入蛋白质。选择便利店销售的浓缩酸奶中的任意一款都不错！

浓缩酸奶

浓缩 YOGURT

Dinner

青花鱼意式辣番茄面

用豆腐素面，分量感十足

用豆腐素面代替晚餐的基础食材豆腐(1/2块)，制作轻松！分量感十足，好像真的吃到了一份意面一样，还能同时品尝到美味的青花鱼和彩椒。

材料

水浸青花鱼罐头……100 g

豆腐素面……1盒

番茄罐头……80 g

彩椒……1/4个

A 　大蒜（切末）……1/2小勺

　　干辣椒圈……少许（根据个人喜好添加）

　　盐……1 g

橄榄油……少许

制作方法

❶ 将豆腐素面沥干水分。彩椒切成小丁。

❷ 在平底锅内薄薄地刷一层橄榄油，放入A、彩椒，开小火翻炒至彩椒微微上色。

❸ 加入青花鱼，转中火捣碎并炒干水分，炒至微微焦黄。

❹ 倒入番茄罐头混合均匀，最后加入豆腐素面，轻轻翻拌即可。

辣椒的辛辣与大蒜的风味让人欲罢不能

　　豆腐素面容易炒碎，请注意不要过度加热。出锅前轻轻翻拌即可。彩椒炒至微微上色后会产生甜味，很好地平衡了辣椒的辛辣。

只要花一些心思，减肥期间也能
吃上减盐意大利面！

第5天 早餐

Breakfast

蛋白粉

PROTEIN

黑咖啡

狝猴桃

多乳酸菌型酸奶

乳酸菌
酸奶

乳酸菌
酸奶

和风茄汁烩饭

材料

燕麦片……40 g

番茄罐头……60 g

蟹味菇……20 g

味噌……1 小勺

鸡精……1/2 小勺

柴鱼片……1 g

水……120 ml

制作方法

1. 将蟹味菇撕成小朵。

2. 将全部食材放入耐热容器混合均匀，放入微波炉加热3分钟。

番茄、味噌和柴鱼片的绝妙搭配

　　加入味噌和柴鱼片，轻松制作和风调味的烩饭。忙碌的早晨也能用微波炉快速烹调的简单食谱！

144

Lunch

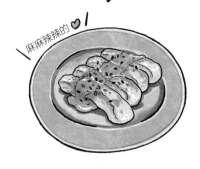

香辣味噌鸡肉

麻麻辣辣的 ♥

材料

鸡胸肉……100 g

A
| 味噌……2小勺
| 黄糖(或其他砂糖)……1/4小勺
| 生姜(擦泥)……1/4小勺
| 七味粉……少许
| 水……2小勺

制作方法

❶ 将鸡胸肉去膜,用叉子在正反面扎一些小洞。

❷ 将A放入耐热容器混合,加入❶均匀地挂上调料汁。

❸ 将鸡胸肉一面朝上,松松地蒙上保鲜膜,放入微波炉加热2分钟,随后翻面再加热2分钟(如果保鲜膜没有全部覆盖容器口,调料汁可能会烧焦,请一定要全部覆盖)。

❹ 切成适口大小即可。

饭团

梅

经典梅干口味

蔬菜汁

蔬菜 JUICE

要选择纯蔬菜汁哟!

七味粉搭配味噌,这味道太下饭了

　　推荐自己做饭或带饭的朋友尝试的配菜。风味十足,吃起来让人无法相信是用寡淡的鸡胸肉做成的。非常入味,放凉了也好吃,最适合作为便当配菜!

加餐

Snack

天然豆奶

Dinner

除了青花鱼，还有其他美味等着你

如果觉得连着几天吃青花鱼罐头会吃腻，可以自行替换成食谱中第2天晚餐的"温泉蛋牛油果核桃沙拉"或是本次介绍的这道菜！最重要的是完成7天的饮食计划！

146

微波炉版葡式腌鲑鱼

材料

生鲑鱼……1块　　　　　酱油……1小勺
彩椒……1/4个　　　　　醋……1小勺
洋葱……20 g　　　　A　黄糖(或其他砂糖)……1/2小勺
　　　　　　　　　　　干辣椒圈……少许
　　　　　　　　　　　水……2大勺

制作方法

❶ 将生鲑鱼用厨房纸吸干水分, 切成三等份或四等份。

❷ 将洋葱、彩椒切丝。

❸ 将A放入耐热容器混合, 加入❶、❷, 用汤匙舀取调料汁淋在食材上。

❹ 松松地蒙上保鲜膜, 放入微波炉加热3分钟。

　　无须油炸, 微波炉轻松烹调的葡式腌鲑鱼

　　　　原本葡式腌菜的做法需要将肉类或鱼类油炸。本食谱采用微波炉加热, 热量低, 更健康。洋葱与彩椒吸足了甜醋的味道, 非常美味!

裙带菜热豆腐

材料

豆腐……1/2块　　　　生姜(擦泥)……1/2小勺
　　　　　　　　　干裙带菜……0.5 g
　　　　　　　A　柴鱼片……1 g
　　　　　　　　　水……50 ml

制作方法

❶ 将豆腐切成四等份。

❷ 将A加入耐热容器混合均匀, 加入❶, 放入微波炉加热2分钟。

　　只需用微波炉加热豆腐就可以

　　　　将豆腐加热享用的"热豆腐", 可以品尝到与凉拌豆腐不同的美味。无须其他调料, 只搭配鲜味十足的柴鱼片和生姜就能美美地享用了。

第6天 早餐

Breakfast

蛋白粉 采口的奶昔味

黑咖啡

菠萝 冷冻水果也可以

纳豆

加入苏子叶太提味了！

苏子叶裙带菜拌燕麦片

材料

燕麦片……40 g
苏子叶……2片
干裙带菜……1g
面露汁……1小勺
芝麻……1小勺
水……80 ml

制作方法

❶ 将苏子叶撕碎，与其他食材一起放入耐热容器混合均匀，放入微波炉加热1分20秒即可。

超简单食谱——适合忙碌的早晨

　　将燕麦片与干裙带菜直接装进耐热容器，再加入撕碎的苏子叶即可。不用刀，不用锅，只需微波炉加热就能做的超简单早餐！

148

第6天 午餐

Lunch

饭团

糙米
饭团

香糯可口
大麦的也可以

沙拉鸡胸肉

烟熏浓香！
沙拉鸡胸肉

SALAD CHICKEN

好香啊！

蔬菜汁

蔬菜
JUICE

要选择纯蔬菜汁哟！

加餐

Snack

　口感浓郁的"浓缩酸奶"吃起来非常有满足感，最适合在有些饿时来一杯作为加餐。此外，这类酸奶脂肪含量低，只想摄入蛋白质与糖类时特别方便！

浓缩酸奶

浓缩
YOGURT

Dinner

柚子醋白萝卜泥配
菌菇炒青花鱼

豆腐拌
西蓝花芽

由主菜与副菜两道菜组成

第5天至第7天的晚餐安排了主菜和副菜两道美食。虽说
有两道餐,可都是能在短时间内完成的简单食谱。晚餐也变得
更丰盛了。

柚子醋白萝卜泥配菌菇炒青花鱼

材料

水浸青花鱼罐头……100 g　　　　蟹味菇……20 g
灰树花……20 g　　　　　　　　　白萝卜……50 g
　　　　　　　　　　　　　　　　柚子醋……1小勺

制作方法

❶ 将白萝卜擦成泥,灰树花、蟹味菇分成小朵。

❷ 将青花鱼、灰树花和蟹味菇倒入平底锅,开中火翻炒至微微焦黄。

❸ 装盘,佐以白萝卜泥和柚子醋即可。

为突显食材的鲜美,烹饪手法尽量简单

　　　　这道菜最大的诀窍是将青花鱼与菌菇类充分翻炒至微微上色,以最大限度地释放食材的鲜美。搭配白萝卜泥与柚子醋,吃起来更清爽。

豆腐拌西蓝花芽

材料

豆腐……1/2块　　　　　　　A｜碎芝麻……1小勺
西蓝花芽……15 g　　　　　　 ｜面露汁(3倍浓缩)……1小勺
干裙带菜……0.5 g

制作方法

❶ 用清水将干裙带菜泡发。

❷ 用厨房纸包裹豆腐,放入耐热容器,放入微波炉加热2分钟左右,除去水分。取出后捣碎至顺滑。

❸ 在❷中加入A,混合均匀,再加入❶与西蓝花芽,拌匀即可。

将豆腐捣碎,口感更顺滑

　　　　豆腐捣碎再凉拌会呈现完全不同的口感。通过变换不同的烹饪手法,每晚吃豆腐也新鲜感满满,不会吃腻。

Breakfast

蛋白粉　黑咖啡　猕猴桃　纳豆

PROTEIN

咖喱也能用微波炉快速制作哟!

咖喱燕麦片

材料

燕麦片……40 g

洋葱……20 g

番茄酱……2大勺

咖喱粉……1小勺

酱油……1小勺

黑胡椒粉……少许

水……120 ml

制作方法

❶ 将洋葱切末。

❷ 将全部食材装入耐热容器充分混合,放入微波炉加热3分钟。

切碎的洋葱为美味添彩

　　不用锅,只需将全部食材加入耐热容器,混合后用微波炉加热即可。调味的关键在于洋葱末带来的鲜甜。

Lunch

生姜茄汁金枪鱼

材料

金枪鱼刺身……80 g

A
生姜（切末）……1/4小勺
番茄酱……1大勺
酱油……1小勺
黄糖（或其他砂糖）……1/2小勺

金枪鱼吃起来真的好满足

制作方法

❶ 将金枪鱼切成小方粒，放入平底锅中开中火，炒至整体微微焦黄。

❷ 转小火，将A混合后加入锅中。用勺子舀取调味汁淋在鱼块上稍煮片刻即可。

饭团

蔬菜汁

蔬菜 JUICE

盐味

要选择纯蔬菜汁的！

简单经典

使用金枪鱼的配菜食谱

金枪鱼刺身低脂肪高蛋白，非常适合减肥期间吃。生姜风味的茄汁与米饭搭配更是一绝！这是我减肥期间尤其偏爱的浓郁口味小菜。

加餐

Snack

天然豆奶

153

Dinner

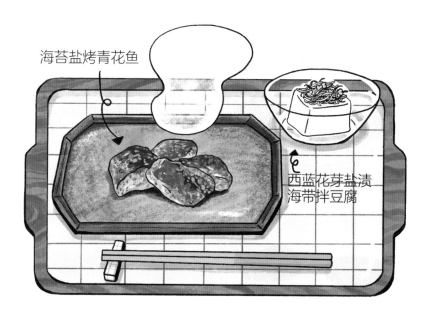

海苔盐烤青花鱼

西蓝花芽盐渍
海带拌豆腐

水浸青花鱼罐头的花样吃法

将水浸青花鱼罐头煎一下，就能变身成一道带着烤鱼油脂香味的主菜。

海苔盐烤青花鱼

材料

水浸青花鱼罐头……100 g

A 海苔……1 g
淀粉……2小勺

制作方法

❶ 将A倒在托盘上混合均匀，放入青花鱼沾满淀粉。

❷ 用平底锅开中火煎3~4分钟，至表面微微焦黄。

加入海苔，减盐不减美味

为青花鱼裹上一层混有海苔的淀粉再煎，简单的手法却能做出令人满足的主菜。成菜美味的秘密是一定要煎至微微焦黄。

西蓝花芽盐渍海带拌豆腐

材料

豆腐……1/2块

A 西蓝花芽……10 g
盐渍海带……1/2大勺

制作方法

❶ 将A拌匀，直至西蓝花芽变软。

❷ 在碗中盛入豆腐，铺上❶。

拌一拌就装盘的简单食谱

盐渍海带的鲜美让西蓝花芽的味道变得更加柔和！不过，盐渍海带加太多会使盐分摄入过量，一定要严格遵守食谱的使用量哟。

155

7天减肥

计划 D

饮食小贴士

第1天

- 燕麦片不论什么时候吃都有助于减肥，尤其适合在早餐吃，能发挥出燕麦片真正的功效。

- "计划D"会为自己做饭和带饭的朋友推荐一些作为配菜吃的鸡肉料理。没时间烹饪的人可以每天买一块喜欢口味的沙拉鸡胸肉。

- 彩椒这类色彩艳丽的蔬菜富含具有抗氧化作用的植化素。"越吃越年轻"说的就是它们了。

第2天

- 用燕麦片做泡菜饼，会有独特的颗粒感和黏糯口感。不喜欢燕麦片的朋友可以试一试哟。

- "计划D"追求减肥效果，午餐中的饭团可以从没有多余配料的日式梅干、糙米（或大麦）、盐味、海苔中每天选1个享用。

- 核桃掰碎干煎后不仅香气更出众，风味也变得更好。快来尝尝它香脆的口感吧！

第3天

- 猕猴桃加入酸奶中，不仅色泽美观，还更有分量感。如果想单独品尝猕猴桃，也可以分别享用。

- 好想简单用一盘搞定一顿饭！这种时候不妨来一份可以用微波炉快速制作的海鲜满满的杂烩饭吧！还可以装入饭盒带饭哟！

- 用豆腐做盖浇饭时，相较于水分含量较多的南豆腐，更推荐使用制作过程中会去掉一些水分的北豆腐。

第4天

- 加热的燕麦片充分搅拌后会产生黏性，无须加入面粉也能轻松成形。

- 蔬菜汁中含有大量维生素与矿物质。减肥期间这些营养素很容易摄入不足，一定要喝蔬菜汁补充哟！

- 豆腐素面是减肥期间特别想吃面食时的大救星！它不仅热量低，还含有一定量的蛋白质，非常适合在晚餐时享用！

第5天

- 以蟹味菇为代表的菌菇类热量低且富含膳食纤维，是非常适合在减肥期间吃的食材。

- "计划D"的午餐饭团，除了在便利店购买，还可以自己动手做哟！

- 准确来说，南豆腐维生素含量更高，而北豆腐中的蛋白质更多。不过二者并无太大差异，所以不论吃哪一种都没问题！

第6天

- 干裙带菜在"计划D"中多次登场。这是一种热量低且富含膳食纤维的优秀食材，请在设计食谱时积极地用起来吧！

- 糙米与大麦的优点是饱腹感强，还具有改善肠道环境的功效。

- 有不少人误将萝卜苗或豆苗当成西蓝花芽来吃。其实，这三者完全不同，注意别买错了。

第7天

- 用咖啡的力量，向着饮食计划的最后1天冲刺！最后1天的早餐是与以往风味完全不同的咖喱味燕麦片。

- 金枪鱼刺身的营养价值可以理解为"海鲜版鸡胸肉"。这是非常优秀的减肥食材。

- 海苔只是少量撒入，香味就十分诱人，很适合在不增加热量的前提下改变菜品的风味。在减盐饮食中尤其值得推荐。

3

坚持长期挑战

7天减肥饮食计划结束后，也有许多人选择继续坚持！
坚持越久，身材越出众！

介绍体验过"7天减肥法"的读者们发来的反馈

Case 7

3个月实现减重10 kg的目标

坚持3个月"计划B"，成功实现了目标——恢复至
产前体重52 kg。假如没有尝试7天减肥法，或许我就会
以胖胖的身材步入更年期。实践后，成功减重10 kg，衣
服从穿L码变为能穿上S码，多亏了7天减肥法！

Mihhon　年龄**40+**　体重**62.0** kg→**52.0** kg(约3个月)

Case 8

没有出现体重反弹

"计划A"混搭"计划B"，坚持了大约3个月，微微突出的小肚子消失，腰身显现
了出来！体重也减少了8 kg！！穿上了过去因身材问题而放弃尝试的针织连衣裙，
身心都变得十分轻盈！感觉实践7天减肥法后，我变得更自信了。

Maria　年龄**40+**　体重**61.8** kg→**53.8** kg(约3个月)

Case 9

不再暴食，浮肿和便秘也消失了

完成"计划A"后，成功减重1.7 kg。发现自己正在养成不吃零食和不过量进
食的习惯，所以继续坚持实践。1个月后减重2.5 kg，体脂率降低2.6%，约6个月
后总计成功减重8.3 kg！面部与腿上的浮肿消失，便秘的烦恼也消除了！

Mashumaro　年龄**40+**　体重**64.2** kg→**55.9** kg(约6个月)

Case 10

吃得不少，结果惊人

原本只打算试试"计划A"，结果明明吃得不少，却真的瘦了。于是继续尝试"计
划B"，2周减重2.4 kg。我一下子就迷上了这种减肥方法，9个月里减重8.4 kg，
体脂率下降13.3%。这都是我相信石本老师，坚持实践的结果。

Haru　年龄**30+**　体重**51.7** kg→**43.3** kg(约9个月)

Part 2

科学瘦身
原理

7天减肥法的
瘦身关键

接下来将公布

"7天减肥法"改变身体的原理！

"为什么每天早上都要吃大麦饭呢？"

"青花鱼罐头真的这么有营养吗？"

……

这些在实行7天减肥计划过程中遇到的疑问也会一并解答。

只要了解其中的减肥原理，

就能开发出一套适合自己的7天减肥计划。

尝试过**7天减肥法**的
朋友感觉如何

确认一下实践7天减肥法前后
身体的变化吧!

● 变得更精神了?　　　　　　　　　□ 是　　□ 否

● 睡眠质量变好了?　　　　　　　　□ 是　　□ 否

● 皮肤变得有光泽感了?　　　　　　□ 是　　□ 否

● 脸部线条变紧致了?　　　　　　　□ 是　　□ 否

● 双脚不再容易水肿了?　　　　　　□ 是　　□ 否

● 肠胃变好了? 不容易闹肚子了?　　□ 是　　□ 否

● 食欲变稳定了?　　　　　　　　　□ 是　　□ 否

● 体重有变化吗?　　　　　　　　　□ 是　　□ 否

有人"是"比较多,有人可能比较少……
但实践了"7天减肥法"的你,
继续坚持,一定会变成易瘦体质!

下一页将介绍
减肥原理！

7天减肥法提倡的是
从细胞层面让人变美的饮食方式

实行"7天减肥法"前的自己和现在的自己，哪一个身体状态更好呢？

一定会有人惊叹："仅1周时间竟然能有这么大的变化！"

"7天减肥法"囊括了很多我作为瘦身教练迄今为止用于指导数百名女性成功减肥的饮食管理精华食谱。

接下来，我会揭晓不运动，并且正常摄入一日三餐，却能在短短7天时间里改变体形的原因。

由于存在个体差异，可能会有朋友因为"觉得没有什么变化"而灰心丧气。但是，即便外观和体重数值没有发生变化，也请相信易瘦体质的基础已切切实实地被建立起来了。

"7天减肥法"提倡的是从细胞层面实现年轻态，打造易瘦体质的饮食方式。接下来，我来介绍一下其中的奥秘。

揭晓7天减肥法的食材选择、营养素选择以及相应功效

  各位坚持了1周的"7天减肥计划",其实是一套将健康减肥所需的要素全部融入每日饮食中的食谱方案。并且,它不是单纯地将对身体有益的食物简单地组合在一起,而是完美计算了营养均衡点和摄入时机。正因如此,才能从细胞层面追求年轻态,打造易瘦体质。

  在此邀请各位在右侧表格里确认一下"7天减肥计划"提供的一日三餐食谱中的食物分别都对应哪些营养素摄入需求。如果大家能理解其中的逻辑,那么即便不拘泥于"7天减肥计划"给定的食材,也能开发出一套适合自己的食谱来。比如,"早上不想通过水果摄取维生素、矿物质,不如试试喝着方便的蔬菜汁吧"之类的个性化选择。各类营养素相关的介绍请参考后面关于"减肥原理"的详细说明。

  完成"7天减肥计划"挑战的朋友,以后也可以按照自己的方式继续安排饮食。

7天减肥计划 各类食物对应的营养素摄入目标一目了然

计划 A

食物	糖类	蛋白质	膳食纤维	维生素、矿物质	发酵食品	异黄酮	其他
大麦饭	●		●				
纳豆		中	●		●	●	
泡菜					●		
酸奶		少			●		
煎蛋或火腿蛋		多		●			
喜欢的水果	中			●			
黑咖啡							咖啡因
饭团	●						
烤鸡肉串		多					
三明治	中	中					
浓缩酸奶		中			●		
日式点心	●						
青花鱼罐头等鱼类罐头		中					优质脂肪
豆腐(1/2块)		中				●	
豆芽、卷心菜等(蔬菜)							增加饱腹感

计划 B

食物	糖类	蛋白质	膳食纤维	维生素、矿物质	发酵食品	异黄酮	其他
燕麦片	●		●	●			
蛋白粉		多					
猕猴桃或菠萝	中			●			消化酶
沙拉鸡胸肉		多					
蔬菜汁				●			
天然豆奶		中				●	
西蓝花芽							抗氧化

计划 C	食谱	蛋白质	脂肪	糖类
早餐	大麦饭			多
	纳豆	中		
	泡菜			
	多乳酸菌型酸奶	少		
	鲑鱼碎、鸡肉松、小银鱼	少		
	2个蛋的鸡蛋料理或火腿蛋	多		
	喜欢的水果			中
午餐 饭团类	饭团、豆皮寿司、卷寿司等			多
	热小食、烤鸡肉串等	多		
	喜欢的酸奶	少～中		
午餐 三明治类	三明治(墨西哥卷、可颂三明治)	中		中
	三明治(高蛋白质的热狗面包)	中～多		中
	浓缩酸奶	中		
	天然豆奶	中		
	200 ml盒装蛋白质饮料	中		
	日式点心			多
晚餐	青花鱼罐头	中	特◎多 优质脂肪	
	鲑鱼、三文鱼	中	多 优质脂肪	
	豆腐1/2块、豆腐素面	中	优质脂肪	
	蔬菜类			

计划 D	食谱	蛋白质	脂肪	糖类
早餐	燕麦片			多
	蛋白粉	多		
	纳豆	中		
	泡菜			
	多乳酸菌型酸奶	少		
	菠萝or猕猴桃			中
	黑咖啡			
午餐 买饭派	饭团			多
	沙拉鸡胸肉	多		
	蔬菜汁			
午餐 带饭派	饭团或米饭			多
	盐渍海带苏子叶鸡肉丸	多		
	海鲜杂烩饭	多		多
	香辣味噌鸡肉	多		
	生姜茄汁金枪鱼	多		
加餐	浓缩酸奶	中		
	天然豆奶	中		
	吞拿鱼白萝卜糕	中		
	用勺子吃的奶酪蛋糕	中	优质脂肪	
晚餐	水浸青花鱼罐头	中	特◎多 优质脂肪	
	鲑鱼	中	多 优质脂肪	
	豆腐1/2块、豆腐素面	中	优质脂肪	
	牛油果		多	
	鸡蛋(1个)	中		
	吞拿鱼罐头	中	优质脂肪	
	核桃		多	
	彩椒			
	西蓝花芽			

维生素、矿物质	膳食纤维	发酵食品	大豆异黄酮	抗氧化物质	咖啡因	其他
	●					
	●	●				
		●	●			
		●				
●						
●						抑制吃甜食的欲望
		●				
		●				
			●			钾
						抑制吃甜食的欲望
				●		
			●			钾
						饱腹感

维生素、矿物质	膳食纤维	发酵食品	大豆异黄酮	抗氧化物质	咖啡因	其他
●	●					
	●	●	●			
		●				
		●				
●						抑制吃甜食的欲望、促消化
					●	
●						钾
		●				
			●			钾
						抑制吃甜食的欲望
				●		
			●			钾
	●					钾
●						
				●		
				●		

167

蛋白质摄入的关键是摄入量、间隔时间以及品质

　　肌肉量对于保持身体代谢水平至关重要。要打造易瘦体质，防止肌肉流失是重中之重。

　　想要像7天减肥法这样零运动的同时维持肌肉量，需要每餐摄入20~30 g，全天合计摄入至少60 g的蛋白质。确保足够的摄入量非常关键。

　　减肥期间大量摄取蛋白质最直接的好处就在于能够防止肌肉流失。肌肉越多，身体的代谢能力就越强，脂肪燃烧得也越快。另外，蛋白质摄入不足还会导致头发失去光泽、皮肤失去弹性，身体容易浮肿。如果是女性朋友，一定要保证每天60 g以上的蛋白质摄入量。不过，摄入过度可能会引发肠道内环境恶化，因此建议将每天的上限设为100 g。"7天减肥法"是按照一顿饭20~30 g的蛋白质摄入量为标准进行食谱设计的。

　　此外，蛋白质摄入的间隔时间，除了睡眠期间，应尽可能相隔不要超过6小时，严守间隔时间也很重要。

因此，7天减肥法才特意规定了进餐时间。

最后还有一个要点，那就是蛋白质的品质。其实，有一个数值可以反映蛋白质的品质，它就是"氨基酸评分"。最高为100分，最低则为0分。

当然，不关注氨基酸评分并大量摄入蛋白质也没问题。可如此一来，摄入的热量也会相应增加，从而无法成功减肥。所以，重要的是优先摄入氨基酸评分为100分的食材。这样就能在保持摄入较低热量的同时，防止肌肉流失。

减肥期间，请一定要确保足量的肉类、蛋类和鱼类，同时避免蛋白质的摄入间隔时间过长。另外，本书之所以多次出现鸡胸肉不仅是因为它属于高蛋白低脂肪食物，还因为鸡胸肉中含有具有抗疲劳效果的"咪唑二肽"。

要摄入优质蛋白质

氨基酸评分高分食材推荐榜

"氨基酸评分"中,打造健康身体必不可少的必需氨基酸全部达到必要摄入量则评分为满分"100分"。因此,分值越接近100,蛋白质的品质就越好。

\最强/
100分

7天减肥计划中多次登场的肉类、鱼类、蛋类、豆制品、乳制品的氨基酸评分都是100。主要摄入来源请从这组食材中挑选吧。

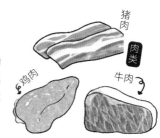
猪肉
肉类
鸡肉
牛肉

豆制品

鸡蛋

鱼类

乳制品
浓缩!
YOGURT

\还不错/
80分

海鲜类的氨基酸评分也比较高。另外,本书的食谱中虽未涉及,不过在面食中,荞麦面评分较高!

虾
鱿鱼
章鱼

\勉强/
50分

想吃氨基酸评分较低的食物时请搭配氨基酸评分较高的食物作为互补吧!

中式面条
中式面条
乌冬面

吐司面包

推荐选择的高蛋白质食材

本节介绍减肥成功者经常吃的蛋白质食材。建议每顿吃20 g，两餐间隔不要超过6小时。

一份沙拉鸡胸肉基本满足每顿饭摄入20 g蛋白质的需求。提前备好各种口味的鸡胸肉，就不用担心会吃腻。

紫苏梅干味，口感清爽！

鸡蛋中含有除膳食纤维和维生素C以外的所有营养素，几乎可以说是全能型营养食材，并且鸡蛋的热量也很低。吃1个鸡蛋大约能摄入6 g蛋白质。

除蛋白质外，吃纳豆还能摄取膳食纤维。在此基础上，纳豆的优势在于它作为发酵食品，能够调节肠道环境，帮助我们更好地减肥。

鸡胸肉罐头不仅低脂，还富含蛋白质，是有别于沙拉鸡胸肉的另一种风味，能够增加我们食谱设计的可选食材范围。

油浸金枪鱼用的油不是鱼油，而是大豆油，因此要避免。推荐大家选择将水浸金枪鱼作为补充蛋白质的食材。

在早上和中午摄入适量糖类，有助于减肥

糖类是减肥的敌人！你是否也这样武断地认为呢？

糖类是能量的来源。如果摄入后未能得到使用，糖类就会转变为脂肪在体内囤积。因此，"夜晚的糖类是减肥的敌人"，这个说法没有错。

但是，如果不补充作为能量来源的糖类，身体就会没有能量，代谢能力也会降低。因此，"7天减肥法"把糖类看作驱动身体的"汽油"，建议大家在活动量变多之前的早餐（大麦饭、燕麦片等）和午餐（饭团、日式点心等）时间及时摄取，而在活动量减少的晚餐时间减少糖类的摄入。人体不能不摄入糖类，而是要选择恰当的时机摄入糖类。

在早上和中午摄入适量糖类，能让我们从早到晚都精神饱满。不知不觉中，我们会发现去车站的路程变轻松了，爬楼梯上楼也不会气喘吁吁了。这些小小的变化日积月累，就能帮助我们提升代谢能力，形成易瘦体质。

摄入糖类请吃它们！推荐食材一览

糖类与蛋白质一样，每克可产生约17 kJ的热量。选择糖类物质时，可以同时关注脂肪和膳食纤维的含量，以及吸收速度等附加因素，以此作为挑选依据。

＼7天减肥法／

身体活动的能量之源

大麦、糙米

只需在白米中加入一些，就能补充膳食纤维的优秀食材。还可以选择盒装即食产品！

日式点心

虽然在营养价值上不是特别突出，但非常适合在促进代谢的同时满足吃甜食的欲望。不过晚上不能吃。

燕麦片

众所周知能够提供糖类和膳食纤维的优秀食材。如果希望美美地变瘦，就一定要吃燕麦片！

＼其他可选食材／

年糕

摄入后的吸收速度比较快，早餐时吃可以快速为身体提供能量。代谢水平也能有所提升。

红薯

富含能消除浮肿的钾！如果在正餐外摄入，会使糖类摄入过量。不妨减少一些正餐中的主食，用红薯来作为补充。

这个不能吃！

喝太多无益减肥！

减肥期间绝对不应摄入的是含糖饮料。因为含糖饮料的主要原料是比较容易转变为脂肪的果葡糖浆，而且喝饮料无须咀嚼，不容易产生饱腹感。

脂肪的摄取，质量是关键！
优质脂肪能让我们健康地瘦下来

脂肪和糖类一样，在人体内主要充当能量来源的角色。在三大营养素中，1 g蛋白质和1 g糖类对应的热量都是16.74 kJ，而1 g脂肪对应的热量却为37.66 kJ。因此，脂肪常是减肥人士下意识远离的营养素。

然而，脂肪和激素有着密切的联系，如果为了减少热量摄入而彻底断绝脂肪的摄取，就有可能出现头发干枯、皮肤粗糙等情况，女性还可能出现月经失调。

因此，"7天减肥法"倡导大家不要摄取多余的脂肪，尽量摄入优质脂肪。而优质脂肪的来源就是前文反复提到的——青花鱼罐头。以青花鱼为代表的沙丁鱼、秋刀鱼等鱼类富含DHA、EPA等被认为是最利于减肥和健康的ω-3脂肪酸，具有活血、提高骨密度等功效！青花鱼等鱼类所含的优质脂肪易被氧化，因此，相比于鱼干，更推荐大家食用鱼罐头。

为了防止吃腻，我还推荐搭配一些其他相对优质的脂肪。一起来实践严格甄选优质脂肪的食谱，提高减肥效果吧！

还有青花鱼罐头以外的选择!

优质脂肪推荐榜

脂肪是激素的原料,极端控制脂肪摄入会引发皮肤干燥、头发干枯和月经失调等问题。一定要巧妙地摄入优质脂肪。

最强
7天减肥法大力推荐的青花鱼罐头含有DHA、EPA等有益身体健康的油脂。沙丁鱼、秋刀鱼等青背鱼也同样优秀。

水浸青花鱼罐头

还不错
鲑鱼能提供优质脂肪,同时还富含具有抗氧化作用的虾青素。

鲑鱼

可以
核桃虽不如青花鱼和鲑鱼,但也是值得推荐的脂肪来源。不喜欢吃鱼的人不妨试试多吃核桃。

核桃

如果上述都不喜欢
虽然不含DHA和EPA,但依然值得推荐的优质脂肪是橄榄油。可以淋在成菜或沙拉上,巧妙摄入。

橄榄油

膳食纤维是美肤与改善便秘的关键

　　膳食纤维不仅有助于减肥，还能改善肠道环境，预防便秘，有助于打造通透的肌肤，是人体不可或缺的营养素。

　　膳食纤维分易溶于水的可溶性膳食纤维与无法溶于水的不可溶性膳食纤维。同样都是膳食纤维，如果过量摄入了不可溶性膳食纤维，会导致大便变硬，引发便秘问题。因此，更多地摄入可溶性膳食纤维吧！在调节肠道环境的同时，助力打造无瑕肌肤。

　　建议大家有效利用纳豆、大麦、燕麦片等食材，在白米饭中加入杂粮。另外，也推荐多多食用海藻类、菌菇类以及菊粉类膳食补充剂等。

　　不过要注意的是，不少富含膳食纤维的食材同时也富含糖类。如果不做好饮食规划而一味地增加膳食纤维的摄入，很容易使得糖类的摄入量超标。因此，不仅要关注食材的选择，更要关注摄入量。

摄入膳食纤维请吃它们!
推荐食材一览

\7天减肥法/

安排了能充分补充可溶性膳食纤维且营养均衡的食材。

\ 其他 /

海藻类

　　海藻类食物的最大特点是富含可溶性膳食纤维。加入沙拉中一起吃吧!

菌菇类

　　能增加膳食纤维的摄入量。不过值得注意的是,大多数菌菇类中不可溶性膳食纤维的含量较高。

菊粉等膳食补充剂

　　如果通过饮食摄入较为困难,可以服用菊粉等可溶性膳食纤维的膳食补充剂。只需溶入水中喝下就行,非常方便。

要点
5

发酵食品搭配膳食纤维，
强化易瘦体质，让美肤效果加倍

大家不妨将发酵食品和膳食纤维一起食用，不仅能强化易瘦体质，还能让美肤效果加倍。

在很多人的印象中，肠道环境良好有助于保持皮肤的健康。为了改善肠道环境，必须让肠道细菌在肠道中充分发挥作用。而发酵食品则含有大量能在肠道中发挥积极作用的细菌，我们需要有意识地积极摄入。

可这里有一个陷阱需要注意！那就是就算有益菌到达肠道，如果没有能让它们活跃起来的工具，有益菌仍旧无法发挥太大的作用。没错，这个工具正是膳食纤维。

总结而言——只要改善了肠道环境，健康的身体与靓丽的肌肤都唾手可得！这就是为什么我强调，需要同时摄入能增加肠道有益菌的发酵食品和能促进有益菌发挥作用的膳食纤维。

不过别担心，只要有意识地吃7天减肥法推荐的食材，就能顺利感受到效果。建议大家养成食用纳豆、酸奶的习惯。

发酵食品请吃它们！
推荐食材一览

\ 7天减肥法 /

纳豆既是发酵食品，又富含膳食纤维，是非常优秀的食材。能接受纳豆这一最强食材的人，我建议每天摄入。如果不能吃纳豆，请定期摄入以下食物。

喜欢的酸奶

水果酸奶

果粒酸奶都可以

原味、芦荟味、

FRUITS YOGURT

泡菜

好辣！

好吃！

乳酸菌满满！

乳酸菌 酸奶

乳酸菌 酸奶

浓缩酸奶

浓缩 YOGURT

\ 其他 /

味噌、米糠腌菜、奶酪

　　这些都是优秀的发酵食品。不过吃太多，盐分或热量可能摄入超标，需要注意。

乳酸菌膳食补充剂

　　难以通过饮食充分摄入，不妨服用膳食补充剂。这类产品含有与发酵食品同等的营养价值。

179

维生素和矿物质能守护身体健康

　　维生素、矿物质与三大营养素（蛋白质、脂肪、糖类）不同，无法提供热量。不过，这两者在健康管理和健康减肥方面，都是不可或缺的重要成分。如果想在身材变苗条的同时"外貌看起来年轻10岁"，就一定要重视维生素和矿物质的摄入。不仅如此，这两类成分人体几乎无法自行合成，必须通过饮食补充。

　　三大营养素的糖类与蛋白质都可以单独发挥作用，如"只吃糖类就能让人变得有力气"，"只吃蛋白质就能有助于防止肌肉流失"。

　　然而，维生素与矿物质如果不广泛摄入多种成分，很难发挥出效果来。减肥中进食量减少，更需要摄入含有各种维生素与矿物质的食材。只要在日常生活中定期摄入富含多种维生素、矿物质的鸡蛋、蔬菜汁和水果就不用担心啦。

摄入维生素、矿物质请吃它们！
推荐食材一览

＼ 7天减肥法 ／

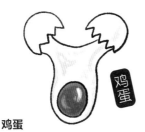

鸡蛋

蔬菜汁

要选择纯蔬菜汁哟！

鸡蛋

含有除了维生素C和膳食纤维以外的全部营养素的优秀食材。部分营养物质只存在于蛋黄中，请一定要吃全蛋哟！

蔬菜汁

蔬菜汁是维生素与矿物质的优秀摄入来源！不仅有助于减肥，还能整体提升健康水平，要养成定期喝蔬菜汁的习惯。

水果

许多水果都富含维生素，7天减肥法中也积极安排水果的摄入。其中富含维生素C的水果较多，可以与不含维生素C的鸡蛋形成很好的互补。

水果

＼ 其他 ／

复合维生素矿物质补充剂

不喜欢吃鸡蛋和喝纯蔬菜汁的人，建议服用复合维生素或矿物质作为营养补充！我在开展减肥指导时也常常推荐学员服用。

*维生素等补充剂请遵医嘱服用。

女性之友——大豆异黄酮

大豆异黄酮主要来自豆制品，能发挥类似雌激素的功效。

女性在35岁后，雌激素的分泌开始逐渐减少，内分泌平衡也随之受到影响。因此，在饮食中增加大豆异黄酮的摄入，有助减轻雌激素分泌减少带来的不适。

当然，其他年龄段的女性以及男性摄入这一成分也没有坏处。另外，在减肥上，大众往往认为雄性激素会对肌肉产生影响。其实，雌激素也能为肌肉带来正面影响。

有研究认为，大豆异黄酮的功能类似雌激素，能对肌肉产生正面作用。尤其是女性年过三十后，摄入大豆异黄酮不仅能健康瘦身，还有助于塑造紧致的身体，在日常生活中应有意识地积极摄入。

尽量每天都吃一些纳豆、豆腐或豆奶吧。不过，摄入过量也有弊端，建议每天的摄入量不要超过1盒纳豆+1盒天然豆奶+1/2块豆腐。

大豆异黄酮的
单日建议摄入量

大豆异黄酮虽然有益健康,不过一般认为过量摄入这种成分会适得其反。如果1小盒纳豆、200 ml天然豆奶和1/2块豆腐分别计为1份,那么大豆异黄酮的单日推荐摄入量控制在1~3份就足够了。

天然豆奶

纳豆

豆腐

1盒

纳豆可以自由选择喜欢的分量或厂家的产品,如果实在不知道选哪一款好,我推荐买单盒分量为40 g左右的产品。

1盒

天然豆奶含盐量少,又能摄入约10 g的蛋白质,十分优秀。建议养成喝天然豆奶作为加餐的好习惯。

1/2块

与纳豆相比,豆腐未经发酵,略逊一筹。不过非常推荐不喜欢纳豆的人养成在晚餐吃豆腐的习惯。

注意不要过量摄入大豆异黄酮

虽然大豆异黄酮是功能与雌激素类似的优秀成分,但摄入过量可能会引发激素分泌失调。一定要注意避免摄入过量哟!

要点

8

防止身体生锈，
从细胞层面延缓衰老

说到"减龄效果"，那就非抗氧化作用莫属，而提到抗氧化作用，就不得不提"植化素"[1]。

我们的身体需要吸入氧气来产生能量，这一过程中会产生具有强氧化力的活性氧。当活性氧过量生成，就会伤害身体的细胞与血管，促使人体老化。植化素恰恰能阻止身体氧化，或者说避免身体"生锈"。

当然，7天减肥法的食谱中，加入了许多具有保健效果和减肥效果的要素，可以帮助身体不断"减龄"，并没有刻意地强调让大家依赖抗氧化作用。不过，在"计划D"中，为了进一步提升效果，我在食谱中加入了具有较强抗氧化作用的西蓝花芽和彩椒，因为它们都含有超级丰富的植化素。

当然你也可以在其他计划的配菜中加入西蓝花芽与彩椒。除了这两种，南瓜、胡萝卜、卷心菜等也富含植化素，也可以试试看哟！

1. 植化素，即植物化学物质，是植物为了抵抗紫外线和微生物等外界伤害而产生的物质，是构成植物颜色、香气、苦味的主要成分，具有抗氧化作用。

补充萝卜硫素的上佳食材

西蓝花芽

西蓝花芽,顾名思义就是西蓝花种子发出的嫩芽。相较于长大的西蓝花,西蓝花芽中萝卜硫素的含量更高。萝卜硫素具有抗氧化作用,能对抗体内的活性氧。西蓝花芽是能在超市等处轻松购得的,具有较强抗氧化作用的食材。

7天减肥法推荐的烹调手法

不要加热!
多加咀嚼

为了更好地受益于西蓝花芽的抗氧化作用,建议生吃! 在"计划D"的食谱中,西蓝花芽均未加热,只在最后撒入,或加入沙拉中一起吃。此外,充分咀嚼会让效果翻倍。

购买时请选择去根的西蓝花芽

西蓝花芽在市面上一般分为带根与去根袋装的两种。我推荐后者,不仅更方便食用,而且因为在嫩芽刚刚萌发时就去根包装,其中萝卜硫素的含量更高。

具有瘦身功效的成分，
在早上摄入更有效

咖啡因在打造易瘦体质方面具有强大的效果！早上喝一杯黑咖啡，人体最长能在8小时内保持较高的代谢水平。

因此，在一天的开始之际摄入咖啡因，能提升全天的代谢水平，有助于增加单日的能量消耗。

喝咖啡时有两个注意点非常重要。一是摄入量，虽说咖啡因有效，但摄入量过少也难以发挥效果。我推荐一次喝200 ml黑咖啡为宜。

第二是摄入花费的时间。比如，花30分钟慢慢喝，血液中的咖啡因浓度不会快速上升，则无法达到预期的效果。为了切实促进代谢，建议在早餐期间喝完。最推荐的喝法是在5分钟内一口气喝完。

早上喝一杯黑咖啡的习惯能为我们的减肥大计提供强有力的助推。

摄入咖啡因的最强饮品

咖啡因在一天内多次摄入会产生耐受性，从而难以获得减肥效果。推荐只在早上喝一杯咖啡，其余时间喝无咖啡因、低热量的大麦茶或水。

7天减肥法·推荐喝法

蛋白粉咖啡

制作方法

❶ 在摇摇杯中加入200 ml咖啡。

❷ 在❶中加入适量蛋白粉，摇匀。
蛋白粉的口味方面，香草、黑蜜黄豆粉等与咖啡最配！

用咖啡泡蛋白粉益处多多！

不仅能同时补充咖啡因与蛋白质，还可以避免喝太多水胀肚！

*用热咖啡制作蛋白粉容易结团，摇晃摇摇杯时还有可能会爆开。千万不能用热咖啡！

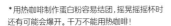

不爱喝咖啡的人

用功能性饮料代替也可以

如果不喜欢喝咖啡，请选择零糖、零热量的功能性饮料。还可以服用咖啡因的膳食补充剂。

控制盐分摄入，
打造不易浮肿的身体

盐分是人类生存所不可或缺的物质，但摄入过量会引发健康问题。尤其是在夜晚的时候，过度摄入盐分容易加重第二天早起面部水肿的情况。

普通的减肥方法与7天减肥法最大的区别是，7天减肥法会严格控制盐分的摄入量。

不仅是脂肪，日常注意打造不易浮肿的身体也非常重要。这其中的关键就是盐分。钾可以促进盐分的排出。7天减肥法中，通过天然豆奶、豆腐、蔬菜汁等摄入钾。更注重减肥效果的"计划D"还严格控制晚餐的盐分摄入。不过，盐是人类保持生命活动必不可少的物质。在白天身体活动期间控制盐分摄入，会引发代谢水平的下降，白天控盐不可取。

过度控盐会导致代谢能力下降，使减肥无法顺利进行。这样的情况很常见。因此，"计划B"引导大家在活动量逐渐增加的早餐和午餐时适量摄取盐分，而在晚餐的时候则极力减少。晚餐设计的食谱即便大家全部吃完，摄取的盐分也不到1 g。

除了过量摄入盐分还有什么原因?

浮肿的原因

盐分的过量摄入

我们的身体具有维持一定盐浓度的功能。盐分摄入过多时,为了保持正常浓度,就必须保留更多的水分,因此容易出现浮肿。

钾不足

钾是一种矿物质,具有促进盐分(钠)排出的作用。不能通过饮食充分摄入钾,就容易浮肿。

蛋白质不足

血液中有一种名为白蛋白的蛋白质,与调节身体水分含量相关。蛋白质摄入不足,白蛋白水平也会低下,从而引发浮肿。

水分不足

为了避免浮肿而极端减少水分摄入,身体感到危险反而会储存水分,形成浮肿。

运动不足

极端的运动不足会引发身体代谢水平低下,肌肉僵硬,血流不畅。血液中的水分析出到皮下,引发浮肿。

为什么7天减肥法无须运动也能有效消除浮肿?

因为7天减肥法的饮食安排注意控制盐分、摄入蛋白质和补充矿物质钾。其中最重要的是控制盐分,"计划C"为温和减盐,而"计划D"则严格减盐。

189

要点

11

1天的热量控制在5 025 kJ以内！适量很关键

从我指导超过1万人次女性改善体型的经验来看，大多数女性将单日热量摄入控制在5 025 kJ以内时，体重会开始逐渐下降。

可能有人会担心热量摄入过少的危害，但总热量为5 025 kJ的牛肉盖浇饭和蛋糕，与同样总热量为5 025 kJ的兼顾营养、分量、饮食时机等因素的食谱，完全是两码事。减肥期间注意摄取的热量固然重要，但更重要的是吃什么、怎么吃。

如果过度控制摄入的热量，会导致身体代谢能力下降，反而不容易变瘦。因此，建议每天摄入的热量不要低于4 186 kJ。

事实上，"计划B"的食谱可以在现有热量的基础上再多加不超过126 kJ 的热量。"计划C"的午餐可以自由选择三明治和日式点心，有的选择会使摄入热量超标。不过与此同时，白天的代谢水平也会相应提升，不必过度担心。7天减肥法在摄入热量可适当增加的时间段保留了一定的自由度，在增加热量摄入会影响减肥效果的时间段则对热量精打细算。不论谁尝试"7天减肥法"，都能收获切实的减肥效果。

　　"不要吃某种事物"的方法反而会适得其反，导致代谢水平的下降。千万别忘了，在有的时间段里，吃东西反而更容易瘦！

要点

12

边吃边瘦的秘诀在于"固定饮食"和 "张弛有度"

　　7天减肥法中，进餐时间与食物都是预先设定好的。这是无须运动就能打造易瘦体质的关键之一。

　　首先，每次吃饭的时候固定饮食，不用考虑吃什么，让人觉得很轻松。因为轻松，所以才能坚持。并且，因为不会带来"虚假食欲"，所以还能减少不必要的摄入。"虚假食欲"状态是指身体出现不必要的食欲。7天减肥法引导大家在身体必要的时机摄取必要的营养。这样一来，就会形成规律，身体也会跟着瘦下来。

　　另一个要点是张弛有度。"蛋白质、糖类、脂肪都有益于健康"，每餐都有意识地充分摄入三大营养素的"健康丰满人士"有不少。但如果我们想成为"健康苗条人士"的话，就要在必要的时机只摄入必要的营养素。把一天的食谱作为一个整体来考虑，张弛有度地进行摄食十分重要。

用餐时间和

吃什么都定好了。

特别省心！

要点

13

口腹之欲得不到满足时，
可以搭配零热量食品

跟着"7天减肥法"推荐的食谱吃时，如果觉得不够满足，不妨试试零热量食品。最近，市面上有很多嚼劲十足的零热量果冻、零热量魔芋丝等诱人食品。

可能有人会介意零热量食品中含有人工甜味剂，但比起在减肥期间因为吃高热量零食而发胖，前者显然更加健康！不过，吃零热量食品的时候一定要和正常用餐搭配起来。如果在肚子饿的时候把零热量食品当点心吃，身体会因为没有摄取到真正的热量而使食欲受到刺激，变得更加饥肠辘辘。将零热量零食和其他食材一起吃，既能摄取热量，又能用零热量食品来增加食物分量，让你更有满足感。

顺便提一下，大家想喝饮料的时候，也可以选择零糖或者零热量饮料。

要点
14

临时有饭局也毫不慌张！
坚持7天减肥法的窍门

"7天减肥法"实施过程中，突然遇到要开午餐会议，不得不外出就餐的情况！"好不容易照着食谱吃到现在了，怎么办？"

放心去吧！这里教大家一个继续"7天减肥法"的外出就餐点菜方法。

1．选择吃套餐。

2．避免油炸食品。

3．米饭量减半。

只要能遵守这3条规则，即使外出就餐，也能继续实行"7天减肥法"。

当然，从原则上来说，实行"7天减肥法"的一周时间里，还是要尽可能地避免外出就餐。因为以我的经验来看，外出就餐几乎不存在满分的减肥食谱。

基于上述情况，当我们在减肥期间不得不外出就餐时，就要注意"多选择蛋白质含量高的食物，适度摄取糖类，减少脂肪的摄取，控制热量"。

实践"7天减肥法"期间的
外出就餐规则

不想因为一次外出就餐,就让之前的努力白费! 下面是提供给大家的补救措施。"7天减肥计划"实施过程中如果遇到要外出就餐的情况,请遵循以下3点。

1 选择吃套餐

　　建议不要单点盖浇饭、咖喱饭、意大利面等,要选择有肉的套餐。套餐一般包含米饭、配菜、凉菜、汤等,因此能吃到各种各样的食材。

2 避免油炸食品

　　以肉类为主的菜肴,唯一要注意避免的就是油炸食品! 例如炸虾、炸鱿鱼、炸鸡块等,一定要忍住别点! 同样的食材,宁可选择烤鲑鱼或照烧鸡肉等。

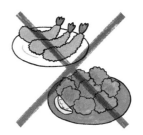

3 米饭量减半

　　套餐里的米饭量几乎都比平时盛的一碗饭要多。如果上菜前跟服务员说"米饭请上半碗",那么端上来的饭,量就会减少一半,也能避免浪费。

7天减肥法

要点

15

7天结束后，
饮食计划自由组合

　　7天减肥计划结束后，获得良好结果的朋友完全可以继续尝试第2周、第3周，坚持实践。如果希望"稍稍温和一些，但仍想要坚持"，可以午餐自由吃，早晚按照7天减肥计划的食谱吃。选择这种方法时，可参考P166—167的表格，了解需要在中午摄入的营养，注意保证摄入即可。7天减肥计划的精华是晚餐。想要提高减肥效果，最好不要连续几天在晚餐自由发挥。另外，工作日按照7天减肥法吃饭，周末自由吃饭也是一种不错的方法。

　　不仅如此，入门版和进阶版的饮食计划全部都可互相混搭。比如，早餐吃"计划B"，午餐吃"计划C"，晚餐吃"计划D"，像这样自由搭配也完全没问题。减肥效果方面，"计划B"与"计划D"最强力，其次是"计划A"，"计划C"最为温和。如果有着"夏天到来前一定要瘦下来"这类带时间限制的需求，请参考效果的强弱，优先选择效果更好的饮食计划吧。

自由组合食谱，
搭配饮食计划

无限多！

7天减肥法进阶版的
「计划C」「计划D」
可以和入门版的
「计划B」
「计划A」
任意组合，

吃满7天就可以！

197

适当加餐，打造易瘦体质

7天减肥法中，除了睡眠期间，蛋白质的摄入间隔时间被设定为尽可能避免超过6小时。这个不起眼的细节，能帮助我们在不流失肌肉的同时只降低体脂。"计划D"为了以防万一，还在午餐与晚餐之间安排了加餐。这样做能有助于只减去体脂。不过摄入的热量太多，也会影响减肥效果。加餐仅限100 ml可摄入10 g蛋白质的食物。7天减肥法中安排的是天然豆奶、浓缩酸奶和200 ml盒装蛋白质饮料。

不过，也有不少朋友希望尝试其他食物。那不妨参考下一页介绍的小点心，非常美味！另外，市售的蛋白棒普遍热量较高，实践7天减肥计划时不推荐吃。如果之后保持温和的7天减肥计划，可以偶尔吃一次。

吞拿鱼白萝卜糕

材料

白萝卜……150 g

水浸吞拿鱼罐头（无盐）……1罐

A
| 淀粉……2小勺
| 鸡精……1/4小勺
| 盐……少许

橄榄油……少许

黑胡椒粉、七味粉、柚子醋
……根据个人喜好添加

制作方法

❶ 将白萝卜擦成泥，轻轻挤出水分。吞拿鱼罐头沥去汤汁。

❷ 在大碗中加入❶、A，混合均匀，分成三等份，修整成椭圆形小饼。

❸ 在平底锅内薄薄地刷一层橄榄油，将❷煎至两面微微焦黄。

❹ 根据个人喜好撒入黑胡椒粉、七味粉，或淋上柚子醋。

用白萝卜做的健康小食

　　只需在白萝卜泥中混入淀粉煎一下，就会产生让人无法相信是白萝卜做成的香糯可口的口感。直接品尝吞拿鱼的原味就很不错，加一些七味粉或柚子醋调味也很美味。

Snack

搭配的薄脆饼也
超级健康！

用勺子吃的奶酪蛋糕

薄脆饼：材料（2人份）

燕麦片……20 g

*推荐使用快熟燕麦片

水……20 ml

肉桂粉……少许

★ 制作1人份时请将食材减半，并将❸的加热时间调整为2分钟。

奶酪蛋糕：材料（2人份）

浓缩酸奶……1杯

茅屋奶酪……50 g

罗汉果糖……1大勺

柠檬汁……1小勺

制作方法

❶ 将全部食材放入耐热容器混合均匀，放入微波炉加热20秒。

❷ 用保鲜膜包裹面团，用手揉透，待肉桂粉的颜色变得均匀，用手压薄。

❸ 在耐热盘中铺上烘焙纸，放上饼坯，放入微波炉加热3分钟。

制作方法

❶ 将全部食材放入容器混合均匀。

★ 盛出奶酪蛋糕（1人份），点缀上薄脆饼。吃的时候用勺子捣碎脆饼，一起享用。

减肥期间也能吃的甜点

　　1杯酸奶可以做2人份，大量制作时请在3天内吃完。薄脆饼也可以做2人份并储存起来，不过每次1份现做现吃更香脆！

无须勉强 轻松保持

卷末特别篇 1

顺便锻炼，
让减肥效果加倍

通过"7天减肥法"调整饮食习惯，

可以帮助我们打造健康易瘦体质。

如此一来，哪怕是每天一些漫不经心的动作，

稍加调整，也能达到类似肌肉训练的效果！

接下来将向大家介绍"7天减肥生活"。

7天减肥
生活

在爬楼梯时努力蹬腿

　　是否有不少人听说"爬楼梯＝减肥"后，就深信"为了好身材就要上下楼都爬楼梯不可"？不过，要想拥有健康且曼妙的身形，还是建议各位只在上楼的时候努力蹬腿。这样做还具有提臀效果哟。

　　上楼的方法要点是："不要一口气爬完，中途要停下来休息。"

　　当你想一口气快速地爬100级台阶时，多数情况下后半程会因为累而爬得有气无力。但是，如果你在爬完50级台阶后，稍微休息一会儿，等体力恢复以后，就能继续快速地爬完剩下的50级台阶。

　　如此一来，原本很寻常的爬楼梯动作就变成了有效的肌肉训练，臀部在肌肉得到提拉锻炼后也会变翘。

　　相反，爬楼梯下楼既没有显著的瘦腿效果，还有伤害膝盖的风险，还不如选择坐电梯。

❶ 爬楼梯的速度要比平时快一些，且只爬一半。
❷ 感到累的时候停下来休息30秒至60秒。
❸ 呼吸平稳后，再次快速爬到最后。

正是顺便锻炼的好机会

- ◉ 早起通勤路上地铁里的楼梯
- ◉ 过天桥时
- ◉ 在公司里遇到需要上下楼的情况时

用力晃动手臂，快步行走

在工作或购物的时候，稍微改变一下平时的走路方式，就能增加热量的消耗量。

主要注意两点。首先是"用力晃动手臂"。可能有人觉得"左右手握个哑铃，带负荷地行走不是更能消耗热量吗？"其实空手也没关系。手握哑铃等重物确实更能提升热量的消耗量，但肩膀和手臂会因此变得有肌肉感。要想拥有女性特有的柔美纤细的身材，就什么也别拿，飒爽地一边甩手臂一边走路即可。

其次就是有意识地将"快步走→慢步走→快步走→慢步走"交替进行。张弛有度的走路方式相当于让肌肉进行"间隔训练"，能提升持久力。另外，早起就开始运用这一走路方式，能提高一整天的活动代谢率。

1 以稍微有点喘不上气的速度快步走！

呼

2 觉得累了就慢步走，调整一下呼吸！

❶ 用力晃动手臂，开始快步走！

❷ 稍微觉得喘不上气来的时候，马上放慢速度，慢步走。等体力恢复以后，再快步走。如此循环。

正是顺便锻炼的好机会

- 上下班去地铁站的路上
- 午休去吃午饭的时候
- 周末早上散步的时候

边唱歌边做家务

　　每天的家务活时间也可以通过改变做法而成为提高热量消耗量的绝佳机会！增加热量消耗量的秘诀有3点：

　　1. 加大动作幅度，尽可能地活动身体。

　　2. 大声地发出声音。

　　3. 唱喜欢的歌。

　　比如，用吸尘器的时候，双臂和双腿尽可能地打开，试着腰部下沉扎个马步。擦东西的时候，手臂大幅地移动，让每一下擦的范围尽可能地变大。光注意这几点，就能让活动量比平时多，加快代谢。

　　另外，唱卡拉OK的时候，有时候会有测量热量消耗量的功能。发出声音或唱歌，能够增加我们的热量消耗量。与其闷声擦着浴缸，不如一边大声唱着自己喜欢的歌一边擦，还能起到解压的作用！

　　顺便提一下，我一般是一边唱着我最喜欢的歌手福山雅治先生的歌一边打扫卫生。

用吸尘器的时候,一只脚大步向前迈开,扎个马步,可以刺激大腿和臀部! 把胳膊肘撑开,活动手臂,就能把全身都调动起来。

正是顺便锻炼的好机会

- 使用吸尘器的时候
- 洗碗的时候
- 擦浴缸的时候

无须勉强 轻松保持

卷末特别篇 2

7天减肥法Q&A

不知道自己做得对不对而心怀不安，
会影响减肥的动力。
本篇针对实践7天减肥法中感到的困惑和
产生的烦恼提出指导意见。
接下来，请相信自己，
坚持完成7天的饮食计划吧！

饮食计划相关的
Q&A

Q 无法在书中指定的时间段用餐，
该怎么办呢？

A 尽可能遵守时间非常重要！

请按照书中早、中、晚三餐安排的食物吃，
同时充分预留每两餐之间的间隔时间。比如，午
餐吃得太晚时，就结合午餐的时间，相应推迟晚
餐的时间。

Q 如果同时在做运动，可以直接
按一周食谱吃饭吗？

A 做力量训练时，推荐加一些食物！

如果只是有氧运动，可以保持食谱不变。如果在做
力量训练这类强度较大的运动，不妨在早餐、午餐之后或
是力量训练的2小时前补充营养。最佳选择是多吃一个
饭团。

Q "计划D"午餐中每天必喝的蔬菜汁，
是真的喝不下去，该怎么办？

A 建议用维生素与矿物质的补充剂代替。

喝蔬菜汁的目的是为了补充维生素和矿物
质。因为含有矿物质钾，所以对消除浮肿也有一
定效果。如果实在不喜欢喝，推荐服用维生素、
矿物质的补充剂（参考P181）。

Q 能否把平时必吃的食物加入"计划C"或"计划D"中一起吃呢?

最初的7天尽可能不要加,按食谱吃饭!

在设计7天减肥计划时,细致周全地考虑了营养平衡、热量和盐分等与减肥效果息息相关的要素。如果加入其他食物,可能会增加热量与盐分的摄入。因此不建议加。

Q 我对大豆过敏,书中介绍了纳豆的替代食物。请问豆腐有替代的食物吗?

A 可选择水煮蛋、西蓝花等。

豆腐替代品的条件是热量约为418 kJ、不含盐、至少含5 g蛋白质,吃后有一定的饱腹感。可选择水煮蛋1~2个或西蓝花吃到饱。

Q 在一周食谱的基础上,可以额外喝自己喜欢的饮料吗?

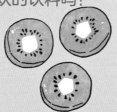

A 当然可以! 不过含有咖啡因的不行。

水分摄入不足会诱发浮肿,请适量饮用。不过为了提高早上喝咖啡的减肥效果,除了早上,其他时间段请喝无咖啡因的饮品。推荐选择零热量的水、大麦茶或苏打水。

Q "计划C"的早餐为什么吃泡菜时要加2大勺拌饭料呢?

A 目的并非变换口味而是为了摄入蛋白质。

发酵食品选择泡菜时,蛋白质摄入量容易不足,无法达到一餐20 g以上的目标。因此选择泡菜时加料,不是为了变换口味,而是为了摄入蛋白质。

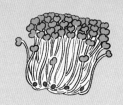

其他减肥法介绍坚果有益健康，7天减肥法里怎么没有坚果呢？

坚果本身是不错的食材，不过不适合加入7天减肥法的搭配中。

坚果的脂肪含量较高，不适合在减肥期间吃。不过，坚果有两大优点，其一是含有优质脂肪，其二是饱腹感强。可在7天减肥法中，已经通过其他食材达到了坚果这两大优点的效果，吃坚果只能增加热量的摄入，7天减肥法中不推荐追加吃坚果。

为什么鱼类不能油炸或腌制呢？

因为希望通过鱼类摄入的是未经氧化、有益身体健康的脂肪。

7天减肥法中安排吃的鱼，是含有优质脂肪的鱼类。目的是摄入其中未经氧化的优质脂肪。油炸是最容易让脂肪氧化的。而腌制后，那些脂肪也有可能早已氧化殆尽。因此需要避免这两种烹饪方法。

为什么推荐日式点心却不能吃西式甜点呢？

虽然都是甜食，但二者的营养构成完全不同。

日式点心几乎只由糖类组成，可以在早上或中午吃，以加快身体代谢。而西式甜点中，糖类与脂肪的含量都相当高，在减肥期间吃没有任何益处。

本书介绍的鱼类以外的鱼，为什
么不推荐摄入呢？

**不同种的鱼在营养成分的构成上大不
相同。**

    7天减肥法选择的鱼类主要有两大类，其一是高
蛋白质、低脂肪，其二是中蛋白质、优质脂肪。自由选
择的鱼类可能不符合7天减肥法的选择要求。当然，确
认过营养成分的构成，再做选择就没问题！

"多乳酸菌型酸奶"与"浓缩酸奶"
有什么不同呢？

**同为酸奶，但二者的摄入目的完
全不同。**

    "多乳酸菌型酸奶"作为发酵食品摄
入，目的是改善肠道环境。而"浓缩酸奶"
的主要摄入目的是补充蛋白质。

浓缩酸奶

浓缩
YOGURT

挑战7天减肥法期间，如果需要在外用餐，
无法按照食谱吃饭怎么办？

就当一切都没发生过，下一餐回归食谱。

    第一次挑战时，无须为了担心某一餐吃多了而跳过
下一餐。总之，请在下一餐平静地回到食谱上继续挑战
就可以了。从第二轮实践开始，可以采取适当在下一餐
减量等对策。

如果无法全部
吃完怎么办？

请尽可能把蛋白质吃完吧！

    最关键的是补充蛋白质，因此尽
可能将以补充蛋白质为目的的食材全
部吃完。如果实在吃不下，还可以通
过喝蛋白粉或浓缩酸奶补充。

乳酸菌满满！

乳酸菌
酸奶

乳酸菌
酸奶

7天减肥法有适用年龄吗？
男性也能尝试吗？

不论什么年龄段，7天减肥法都有效！

7天减肥法对女性尤为有效，不过男性也完全可以尝试！只是对于男性来说摄入总热量有些偏低，可对各食材都稍稍加量，增加整体的热量摄入。此外，不论什么年龄段都可以尝试本法，请动员全家一起来挑战吧。

7天减肥法的第2天，实在饿得不行了，
该怎么办呢？

一般到了第3天就感觉轻松多了。

许多人反馈，第3天空腹感会有所缓解，再坚持一下！另外，正确饮食的情况下产生的空腹感会消耗脂肪。换言之，感到饿时身体正在变瘦呢！

体重没什么变化，该怎么办？

没有一种减肥法能每天都让体重下降。

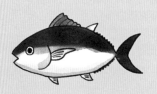

体重会受到肠胃中滞留物质的影响。即便顺利地降低体脂并消除了浮肿，也会遇到某一天称重发现体重有所反弹的情况。因为体重的这种变化特点，将眼光稍稍放长远一些，关注1~2周内的体重变化吧。

挑战7天减肥法后有些便秘，该怎么办呢？

多喝冷水或温开水，以消除便秘。

为了避免便秘，7天减肥计划中充分安排了膳食纤维和发酵食品。如果仍出现轻微便秘，可采用"多喝水，一天喝1.5 L""喝温开水""多吃增加饱腹感的蔬菜"等方法缓解便秘。

红豆大福真美味

正在挑战7天减肥法，但特别想吃零食和甜食怎么办？

7天减肥法考虑到了这种情况！一定要坚持住，完成7天计划哟！

许多坚持完成7天减肥法的人发来惊人的反馈："以前真的很馋零食，但现在已经完全不会了。"这才是我安排吃甜食的真意。在需要的时间段摄入必需营养素，想吃甜食的欲望会自然消失。加油！

抑制吃甜食的欲望具体指什么？

指抑制明明肚子不饿却就是想吃的欲望。

其实标有能抑制吃甜食欲望的水果和日式点心并非减肥的必需食物。不过，我特意在摄入这些食物能获得诸多收益的时间段安排摄入，从而防止在其他时间段出现想吃甜食的冲动。

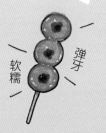

软糯　弹牙

坚持实践让身心重返年轻的7天减肥法

后记

"7天减肥法"的挑战者们，感觉如何呢？

相信大家如果能坚持7天，就一定能切实感受到身体的变化。"似乎还想再继续一段时间"，有这样想法的朋友，可以继续保持，或者把"计划A""计划B""计划C"和"计划D"交替进行，当然也可以有一套自己风格的食谱。而且经过7天的努力，大家现在的身体已经比以前更接近易瘦体质，更容易出运动效果。

我作为瘦身教练经常指导想要减肥的女性，她们都不约而同地表示："想变瘦，但不想显老。"从我的指导经验来看，最容易显老的是不好好吃饭，并且通过剧烈运动来减肥的人群。因此，不要不讲究方式地运动，最好的办法还是在切实管理好自己饮食习惯的基础上进行合理减肥。

"7天减肥法"的食谱也可以直接和运动减肥相结合，从而让你健康地瘦下来。如果你想在减肥的路上走得更远，也可以考虑开始运动。我将永远支持各位。加油!

　　　　　　　　　　　　　　　　石本哲郎

快读・慢活®

《减糖生活》

正确减糖，变瘦！变健康！变年轻！

　　本书由日本限糖医疗推进协会合作医师水野雅登主编，介绍了肉类、海鲜类、蔬菜类、蛋类、乳制品等九大类食材在减糖饮食期间的挑选要点，以及上百种食品的糖含量及蛋白质含量一览表。书中还总结了5大饮食方式，118个减糖食谱，帮你重新审视日常饮食，学习正确、可坚持的减糖饮食法，帮助你全面、科学、可坚持地减糖，让你变瘦、变健康、变年轻！

快读·慢活®

《30天养成易瘦体质》

1天养成1个瘦身习惯，简单、轻松、易坚持!

　　日本"运动&科学"代表、NACA 认证的力量与体能专家在本书中教大家从"心理 & 大脑""营养""运动"等三方面，正确认识减肥、避开减肥误区，让大家通过 30 天的"易瘦体质训练"，减少脂肪、紧致肌肉，养成一生受益的"易瘦体质"。1天只需实践1个项目，30 天就能养成易瘦体质，易坚持、不易反弹! 书中更有简单易操作的拉伸指南、运动方法等内容，超级实用!

快读·慢活®

《越吃越瘦，越吃越年轻》

吃出好身材，轻松延缓衰老

　　跟着日本知名健康管理师，吃出好身材，轻松延缓衰老！104个变瘦、变年轻的饮食密码，简单且实操性强。只需要改变饮食方法，不仅能美容养颜、改善发质，更能抗疲劳、延缓衰老、养成易瘦体质。

　　本书共分为"越吃越瘦"和"越吃越年轻"两大部分，作者用营养学知识告诉我们："食物不会背叛我们。"其中，"越吃越瘦"部分介绍了各种一边享受美食一边快乐减肥的方法，告诉你不要为了变瘦而忍着不吃。只有正确地吃，才能健康地瘦！"越吃越年轻"部分则介绍了只要改变饮食方法，就能让肌肤、头发和身体重新焕发光彩。

快读·慢活®

从出生到少女，到女人，再到成为妈妈，养育下一代，女性在每一个重要时期都需要知识、勇气与独立思考的能力。

"快读·慢活®"致力于陪伴女性终身成长，帮助新一代中国女性成长为更好的自己。从生活到职场，从美容护肤、运动健康到育儿、家庭教育、婚姻等各个维度，为中国女性提供全方位的知识支持，让生活更有趣，让育儿更轻松，让家庭生活更美好。